Costco
減醣便當

網路詢問度超高！

人氣組合自由配，
最美味瘦身食譜的分裝、保存、料理，
一次搞定全家午餐+晚餐！

- 本書所列品項因產季不同，賣場販售種類而有所不同。

- 本書所列食譜的總醣份，是碳水化合物減去膳食纖維的所得。

- 本書所列食譜含醣量和熱量，可依個人所需，換算進食的攝取量，在減醣範圍內去搭配每餐所需的菜色與份量。

- 本書所列食譜以 1 人份為基準，營養成分相關數值取小數點第一位，小數點第二位四捨五入。

- 本書所列便當食譜醣份以 1 人份為基準，因便當盒大小不同，盛裝內容物份量或多或少，預估醣份時請以 1 人份來計算。

- 本書所列一人便當總醣份皆不包含主食（米飯、蒟蒻米、蒟蒻麵、青花菜飯、櫛瓜麵…），可依各食譜計算出的醣份，去挑選適合的主食，並加上主食的醣份，則為一個減醣便當的總醣份。

- 本書所列價格為 2021 年 3 月調查結果，實際售價以賣場標示為準。

讓我們一起減醣輕鬆過生活！

在多年的健康講座裡，許多讀者朋友最常發問的問題，不外乎是這個食物能吃嗎？那種湯或飲料能喝嗎？對於可以讓人「健康」的食物想像，就是那種難以下嚥，但是為了要維持健康，不得不犧牲掉美味這件事。

在此，要向讀者朋友説，其實透過最簡單的飲食管理技巧，什麼都是能吃的，只是對於警戒食物就要酌量食用，或是搭配運動日、放鬆日來享用。反倒是嚴格限制這個不能吃那個不能吃，最終造成執行不易，容易半途而廢，對於體重造成溜溜球效應，更加得不償失！

透過減醣食譜書，每道設計料理都是可以互相搭配，讓人食指大動的，舉例來説日式薑汁燒肉、香菇炒水蓮、烤甜椒、木耳炒雞蛋這樣的料理，光是想像肚子就咕嚕咕嚕叫了起來。

哪種飲食方法最好？

坊間有很多琳瑯滿目的飲食方法，比如間歇斷食法、高蛋白飲食、168 飲食、生酮飲食、減醣飲食…等，第一件必須要先做的是了解自己的身體狀況，比如有糖尿病、腎臟病、三高問題，有些隱藏的身體問題，必須要透過專業的醫療檢查，才會被發現到。如果這些有風險的朋友，在不了解自己的身體狀況下，就採

用極端的飲食方法，很容易對健康造成更大的傷害，所以要執行比較特別的飲食管理前，請先徵詢醫療人員做評估喔！

　　由於每個人生活型態差異性非常大，所以挑選適合自己的飲食方式，並且能夠持之以恆的執行最好。在此，營養師自己最推薦循序漸進的減醣飲食，採用適量的醣類、盡量避免精緻糖、增加優質蛋白質、大量蔬菜水果攝取，最能善待自己的身體健康，而且執行上具有高度彈性，能吃的健康美味以及飽足不飢餓，對於維持身體機能有很正面的助益。

省時料理一次打包健康美味

　　工作忙到連喝水都有問題，回家怎麼有時間幫自己帶便當，製作健康美味的便當，其實很簡單，小批量一次製備一週的餐點份量，再按照自己的喜好搭配設計。在開始嘗試帶便當後，很多讀者朋友回饋，烹調的過程也是釋放生活壓力的方式，看著自己準備的健康美味便當，滿足的成就感不在話下。試著開始做飲食規劃且執行二週，身體及心情通常會感覺輕鬆！

　　看到這裡是不是也開始有躍躍欲試的衝動，就讓我們一起捲起袖口、穿上圍裙幫自己或家人打理飲食吧！

食品科學博士 陳小薇

省時美味料理輕鬆煮！

　　我生長在一個媽媽很會煮、爸爸很挑嘴的家庭，因此，記憶中的餐桌，很少會出現重複的菜色和湯品。也或許是因為媽媽很會煮，所以從小到大的我，好像只要負責吃就好，完全不需要踏進廚房半步。

　　一直到了結婚，孩子出生後，我的廚藝人生就從準備兒子的副食品開始，從食物泥、熬粥到現在，一點一滴慢慢累積跟孩子們的食物記憶。為了讓成長中的孩子不挑食，以及產後的減醣飲食，所以我都會盡量以食物原型，以及簡單的調味來做料理，並盡可能地利用不同的食材，或者是各種料理方式來做烹調。這樣不僅讓我對於食材本身的特性更加了解，也越來越注重其營養價值，以及料理的多樣性，更能吃出好滋味。

　　由於好市多就在我家隔壁，所以養成了我每周都會固定跑去賣場巡田水，看看有什麼新鮮貨上架。身為好市多的重度使用者，久而久之，這裡就是我買蔬菜、肉品、牛奶、雞蛋、生活用品、書籍、玩具，甚至是買家電的主要戰場。更因為賣場的減醣食材種類眾多，所以我的減醣便當多數備料都是來自好市多，大份量又多選擇！

好市多食材的新鮮度以及品質都非常不錯，所以在料理上，完全不需要過多的調味料，很多時候只要適量的撒入鹽巴或者辛香料進行調味，就會讓整道料理變得非常的美味，即使是像我一樣的職業婦女，下班後也能在家輕鬆煮。至於，很多人擔心好市多的大份量會吃不完而浪費，其實只要養成習慣，買回家後先分裝、保存，就能以經濟實惠的價格，購入品質很好的食材。

　　對我來說，做料理是件快樂的事情，因為心情不好的時候，只要吃到好吃的食物就會很開心；另一層意義，也有我孩提時的深刻記憶，就是媽媽的味道！最後，希望透過這本書來分享自己如何選購食材、如何分裝保存，以及料理心得，給想減醣但又不知道怎麼煮、又或者是每天煮飯但苦思沒有新菜色，以及下班後沒有太多時間煮飯，但又不想天天外食的人，讓大家只要透過幾個簡單步驟，在家也能做出一道道專屬於自己風味的料理。

卡 卡

Contents

肉類主食便當

 豬 肉

秘製
糖醋乾式排骨
54

醋香滷五花肉
56

馬鈴薯燉肉
58

氣炸豬里肌排
60

起司豬
佐筊白筍
62

氣炸胡椒
豬五花
64

手打香菇肉鑲
66

鹹香瓜仔肉
蒸蛋
68

日式薑汁燒肉
70

蒜苗炒
豬里肌肉
72

牛 肉

氣炸蒜片牛排
77

嫩肩里肌
燉蔬菜
80

四季豆
炒牛小排肉片
82

咖哩菇菇
佐牛肉
84

蠔油芥藍
炒牛肉
86

私家牛肉炒蛋
88

青辣椒炒肉
90

甜椒炒牛肉
佐奶油香
91

日式酒香骰子牛
93

酥脆油條
炒牛肉
94

鹽味蔥肉捲
96

蘋果泡菜
炒牛肉
98

手打
起司漢堡排
100

Contents

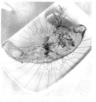

  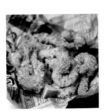

Contents

一鍋到底

蔬菜料理

油烤番茄櫛瓜
192

椒鹽四季豆
194

香菇炒水蓮
196

培根炒青花菜
198

皮蛋炒地瓜葉
200

秋葵炒蛋
202

烤甜椒
204

烤起司玉米
206

馬茲瑞拉
番茄沙拉
208

涼拌洋蔥絲
210

日式醃蘿蔔
212

焗烤明太子
馬鈴薯
214

醬炒筊白筍
216

香料烤菇菇
218

涼拌木耳
220

Contents

豆腐、雞蛋料理

減醣便當攻略

減醣飲食 QA —— 食品科學博士 陳小薇

Q 什麼是減醣？平常吃的糖也是醣嗎？

A 在回答什麼是減醣這件事情之前，先來為大家介紹食物中的營養素，主要分為碳水化合物、蛋白質、脂肪、維生素、礦物質、水分，其中碳水化合物就是醣類，醣類又可分為單醣、雙醣、寡醣和多醣。

醣與糖常常讓大家難以區分，簡單的區分方式，糖是指嚐起來有甜味的醣類，如葡萄糖、麥芽糖等；葡萄糖是醣類分解後，主要可以被人體細胞吸收用來提供能量的形式，進入人體後也能以肝醣的形式儲存於肌肉和肝臟中，又或者再經由生化途徑轉化成脂肪來儲存能量。

所謂減醣是減飲食當中的醣類，包括醣以及糖，本書中所提到的總醣份，則是碳水化合物扣除不被人體消化吸收的膳食纖維所得的數值，也被稱為淨碳水化合物。

總醣份=碳水化合物—膳食纖維

Tips

進行減醣飲食的醣類選擇來源

全穀類食物是一群未經精細化加工處理，仍保留完整組成穀物，富含膳食纖維、維生素B群和E、礦物質、不飽和脂肪酸、多酚類、植化素等。全穀類食物也較不會造成血糖大幅度波動，屬於低升糖的食物類別，避免胰島素因為血糖急遽上升，瞬間大量分泌，反而讓血糖值瞬間過度下降，再次產生飢餓感，造成惡性循環。因此**攝取全穀物可改善代謝，有助控制體重**，如糙米、燕麥、黑米、玉米、紅豆、黑芝麻、大豆、大棗、高粱、小米、蕎麥、薏米等。在進行減醣飲食的時候，建議把精緻糖的攝取降到最低，盡可能選用全穀雜糧類作為醣類的來源喔！

Q 均衡飲食、減醣飲食（低醣飲食）、生酮飲食有什麼差別？一天的攝取標準分別是多少？

A 依據流行病學統計結果，國民健康署107年新版「每日飲食指南」，對全體國民建議的合宜三大營養素占熱量比例，蛋白質10 ～ 20%、脂質20 ～ 30%、碳水化合物50 ～ 60%，作為每日飲食分配參考。而這個飲食建議，正是均衡飲食的參考範本。根據營養素在每日攝取中的熱量占比，可以分為均衡飲食、減醣飲食（低醣飲食）、生酮飲食等不同的飲食形態。

以總熱量1500大卡推估各飲食中所攝取的醣類，建議均衡飲食一天的醣份為175.5g～225g；減醣飲食一天的醣份為75g～150g，每日攝取最低不少於50g；生酮飲食一天的醣份為18.75 ～ 37.5g。

營養素比例	均衡飲食	減醣飲食（低醣飲食）	生酮飲食
碳水化合物（醣類）	50～60%（175.5～225g）	• 20～40%（75～150g） • 每日醣類攝取最低不少於50g，約13.3%	5 ～ 10%（18.75～37.5g）
蛋白質	20～30%（33.3～50g）	20～35%（75～131.25g）	20%（75g）
脂肪	20～30%（33.3～50g）	25～40%（41.67～66.67g）	75%（125g）

* 以總熱量1500大卡推估各飲食中所攝取醣類、蛋白質、脂質的重量。
每1g醣類平均產生4大卡、每1g蛋白質平均產生4大卡、每1g脂肪平均產生9大卡。

建議一天的總醣份攝取標準

• 低醣（高蛋白）飲食：總醣份每日少於130g，或是少於26%百分熱量比率。如果想達到瘦身的效果，可把每日的總醣份控制在50～60g之間。

• 生酮飲食：總醣份每日約25～50g，或是少於10%百分熱量比率。

Q 減醣飲食的蔬菜和肉類該如何攝取？

A **減醣飲食中蔬菜與蛋白質的攝取順序非常重要，先蔬菜後肉類。**先攝取蔬菜獲得大量的膳食纖維，可以進一步讓所攝取到的醣類，延緩消化吸收，穩定血糖的波動，避免因為血糖急遽升高，人體急速產生胰島素，引起飢餓感，反而想吃更多東西。飲食中的肉類則是蛋白質主要的提供來源，能增加體力與耐力外，還可作為幫助修復肌肉組織的原料來源。

以健康成年人為例，要維持人體正常的新陳代謝與肌肉細胞發育，每日飲食中需攝取每公斤體重0.8～1.2g的蛋白質，運動者則可以提高到每公斤體重1～2g的蛋白質。也就是說，1位體重50公斤的成年人，每天適量的蛋白質攝取應控制在40～60g的蛋白質食物，有運動習慣者為50～100g間。

Q 減醣飲食的油脂該如何攝取？

A 現代人在根深蒂固的觀念影響下，總是逢油色變，擔心油等於脂肪，進入人體後，紮實變成脂肪堆積在身上，其實精緻型澱粉轉化成脂肪囤積的機會比攝取健康油脂來的高；而脂肪在人體內除了作為熱量儲存之外，還能幫助脂溶性維生素A、D、E以及K的吸收，帶來較長時間的飽足感，所以**只要挑對好的油脂，就不用擔心脂肪對健康的殺傷力。**

脂肪以結構可分為飽和脂肪酸以及不飽和脂肪酸，一般油脂都含有不同比例的脂肪酸，室溫下呈現白色固態，就是飽和脂肪酸比例較高，如：豬油、椰子油；如果室溫下呈現透明液態，就是不飽和脂肪酸比例較高，如：橄欖油、葵花油，而不飽和脂肪酸主要有Omega-9、Omega-6、Omega-3，其

中以Omega-3有助於釋放褪黑激素，讓褪黑激素作用減輕焦慮症狀，並且改善睡眠品質，對於幫助紓壓助睡效益大，可以從食物中的鮭魚、堅果、酪梨、黃豆類製品中補充Omega-3，建議油脂攝取可以選用不飽和脂肪酸比例較高的健康好油！

Q 進行減醣飲食的時候，澱粉、水果、甜點等含高醣份食物可以吃嗎？

A 進行減醣飲食的時候，所有類型食物都可以吃，只是要注意份量，以及攝取的時間。澱粉類食物選擇五穀雜糧為優先，如糙米、帶皮地瓜或帶皮馬鈴薯等，盡量安排在早餐或是午餐食用。含高醣份的食物盡量避開安排在同一餐，不然醣份很容易超過控制。水果建議在午餐前食用完畢，甜點通常糖質較高，可以安排在有運動的時候，讓運動幫助消耗喔！營養師建議運動前一個小時補充一些好消化的醣類點心，而運動後可攝取300大卡左右（醣類:蛋白質約3:1或4:1）的輕食，幫助身體修復以及恢復疲勞，飲食計畫聰明搭配運動，更能彈性且開心享受食物！

Q 減醣飲食一日三餐如何搭配才聰明？

A 把握大原則先計算出一日所需總醣量，總醣量三餐的分配比例建議為：早餐:午餐:晚餐 = 3:2:1，讓需要大量能量的白天時段，有充足的醣類作為供應。

01 豐盛營養的美味早餐

早餐基本組合，全穀雜糧類、優質蛋白質加上水份補給，如：現打蔬果汁或是牛奶，可以提供碳水化合物及水份，搭配新鮮水果補充微量元素，微量元素包括維生素以及礦物質能夠調節細胞機能，利用優質的蛋白質有效提升身體的體溫，讓身體代謝轉趨活絡，例如：水煮蛋、豆腐、乳酪，早餐後也請預留足夠的時間，固定排便習慣，防止發生便秘造成毒素累積的情況喔！

02 健康均衡的活力午餐

經過4小時活動後的午餐，必須補充因活動而代謝的營養，減醣飲食請以多蔬菜、優先搭配魚肉為主軸，豬瘦肉、牛瘦肉為輔，主食部分可以選擇高纖地瓜飯、混入黃豆的黃豆飯、糙米飯、五穀飯，補充膳食纖維、植化素、維生素B群等，飯後適量攝取水果，讓飲食內容豐富多元。

03 維持動力的低負擔晚餐

因為消化需要3～4小時的時間，建議臨睡前3個小時完成晚餐的進食，才不會對於睡眠品質造成影響。如果很晚才吃晚餐，避免油膩又鹹、又辣的重口味食物，會造成消化不良。

04 加班的時候

可以準備一些減醣輕食，搭配含有蛋白質、鈣質的乳酪或乳酪片。

Q 食材的醣份與熱量如何計算？

A 要如何知道吃進去的醣份有多少？以及相關的營養成分呢？別擔心！跟著我們step by step，就可以輕鬆查詢食材的營養數據喔。

Step1

進入衛生福利部食品藥物管理署（FDA）網站：https://consumer.fda.gov.tw/index.aspx，內有一個食品藥物消費者專區。

Step2

進入整合查詢服務，點選食品。

Step3

進入吃的健康，點選食品營養成分資料庫（新版）。

Step4

在關鍵字欄位打入要搜尋的
食材，在下方樣品名稱打
勾，按下搜尋就會出現要查
詢的食材。以馬鈴薯為例：
點選馬鈴薯，可以查詢到每

100g的含量。總碳水化合物15.8g、膳食纖維1.3g。

總醣份＝總碳水化合物－膳食纖維＝15.8g － 1.3g=14.5g

Q 食品包裝上的營養標示怎麼看？

A 依據衛生福利部食品藥物管理署，食品營養標示的表示方式有下圖，進行減醣飲食或是對飲食有所控制的人，可以看熱量、蛋白質、脂肪、碳水化合物、糖、膳食纖維，利用這些欄位進行簡單的運算，碳水化合物－膳食纖維＝總醣，作為減醣飲食中醣類的攝取數值評估。

以下圖為例，碳水化合物54.9g－膳食纖維5.5g＝49.4g 醣類。熱量部分需要注意總熱量必須滿足基礎代謝率，盡量選擇糖較低的食物來源。

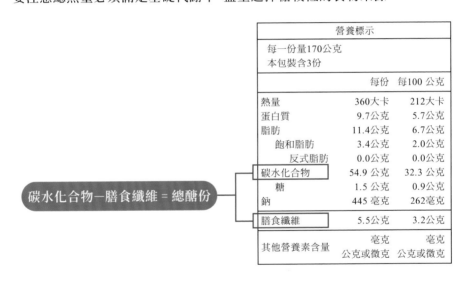

碳水化合物－膳食纖維 ＝ 總醣份

營養標示		
每一份量170公克 本包裝含3份		
	每份	每100 公克
熱量	360大卡	212大卡
蛋白質	9.7公克	5.7公克
脂肪	11.4公克	6.7公克
飽和脂肪	3.4公克	2.0公克
反式脂肪	0.0公克	0.0公克
碳水化合物	54.9 公克	32.3 公克
糖	1.5 公克	0.9公克
鈉	445 毫克	262毫克
膳食纖維	5.5公克	3.2公克
其他營養素含量	毫克 公克或微克	毫克 公克或微克

Q 減醣飲食的注意事項

A 碳水化合物每日少於130g，或是少於26％百分熱量比率，飲食攝取上需要補充足量水分、膳食纖維，避免便秘發生，以及代謝蛋白質消化後產生的氨，避免累積體內造成健康損害。

Q 基礎代謝率是什麼？進行減醣飲食需要注意嗎？

A 基礎代謝率（basal metabolic rate; BMR）是指在正常溫度環境中，人在休息但生理功能正常運作如消化狀態，維持生命所需要消耗的最低能量。基礎代謝率會因年齡的增加而降低，或是因為身體肌肉量增加而增加。**進行減醣飲食一定要滿足基礎代謝率的總熱量需求**，如果低於基礎代謝率，聰明的身體會判斷為遭遇飢荒、糧食匱乏的狀態，啟動身體防禦機制讓基礎代謝率再降低，減少能量的損耗輸出喔！測量基礎代謝率需要禁食，所以後來就以公式計算的基本能量消耗（basal energy expenditure; BEE）取代基礎代謝率，依照不同的體指標有不同的計算方法。以下依照體重、身高、年齡的計算，此推算法常被作為健身的建議。

基礎代謝率公式

基礎代謝率男、女有別

BMR（男）＝（13.7×體重〔公斤〕）＋（5.0×身高〔公分〕）
                  —（6.8×年齡）＋66

BMR(女)　＝（9.6×體重〔公斤〕）＋（1.8×身高〔公分〕）
                  —（4.7×年齡）＋655

Q 進行減醣飲食時，如何跟家人同桌吃飯？料理該如何準備？

A 減醣飲食主要是份量上的調整，建議依照均衡飲食的比例準備給家人，自己的部分則能減少碳水化合物（醣類）的占比，用蔬菜拉高不足的部分。

Q 減醣飲食會發生便秘嗎？

A 進行減醣飲食務必注意蔬菜攝取量要充足，因為蔬菜含有大量膳食纖維，膳食纖維能夠在腸胃道吸著水分、保留水分，讓糞便柔軟易於排出，也能吸附有毒物質，並且減少有毒物質接觸腸胃道的時間，有效保持腸胃道健康。在攝取膳食纖維的時候，也要記得多補充水分，才能發揮膳食纖維保留、吸收水分的最大效益，進而促進腸胃道蠕動，避免便秘的狀況發生。

另外，進行減醣飲食的人常常會因為對油脂的考量，希望少點油脂少點熱量，反而不敢攝取足夠適量的油脂，但是因為油脂具有飽足感及潤滑腸道的效果，所以請務必在飲食計畫內攝取充足，也能讓一些脂溶性維生素順利被人體吸收喔！

Q 哪些族群和情況不能減醣飲食？

A · 特殊營養需求：懷孕及哺乳的婦女，以及成長中的孩童

懷孕及哺乳時期，營養需求除了供應母體本身之外，還需要額外滿足胎兒及哺乳嬰兒，所以不建議進行減醣飲食。成長中的孩童，因為身體需要大量的原料來建構身體組織，提供足夠多元的營養素才能長高及長壯。

· 特殊疾病：糖尿病、腎臟病、心血管疾病

減醣飲食中，因為醣類占比減少，相對蛋白質及脂肪占比會提升，對於有特殊身體狀況的朋友，容易造成消化代謝上的負擔，需要尋求專業醫療人員諮詢，評估後才能進行適合的飲食規劃喔！

減醣便當準備原則

1 一個減醣便當要納入整天的飲食計劃當中，控制每日總醣份少於130g，但是每日醣類攝取最低不少於50g，本書提供每種減醣便當的總醣，可以用此作減醣飲食規劃。

2 減醣便當以肉料理、海鮮料理做菜色的變化，搭配蔬菜料理，每天應該攝取到3～5份蔬菜類，1份蔬菜類約等於100克生菜，也要特別注意攝取到的脂肪是否在限制的範圍內，避免攝取過多。

3 如果覺得便當份量飽足感不夠，可以多補充蔬菜類，增加膳食纖維的攝取，也要記得多補充水分！

④ 如何設計一個兼顧營養和均衡飲食的減醣便當？決定總醣份後，就可以挑選本書的料理，填入下方的表格，把蛋白質以及脂肪部分作加總，對照建議的範圍。

營養素比例	減醣飲食（低醣飲食）	早餐	午餐	晚餐	總數
碳水化合物（醣類）	· 20～40%（75～150g）· 每日醣類攝取最低不少於50g				
蛋白質	20～35%（75～131.25g）				
脂肪	25～40%（41.67～66.67g）				

⑤ 一個減醣便當攝取標準

· 在輕鬆減醣的方式，減醣便當可以安排總醣份約35～40g，控制每日總醣份少於130g。

· 如果想達到瘦身的效果，每日的總醣份需控制在50～60g之間，中午享用的減醣便當，可以安排總醣份約16～20g。

食材分裝保存的基本

① 分成小袋保存 ➡ 方便料理

Costco大份量食材，最重要的是要依料理所需、食用人數適量包裝，就能吃完絕不浪費。

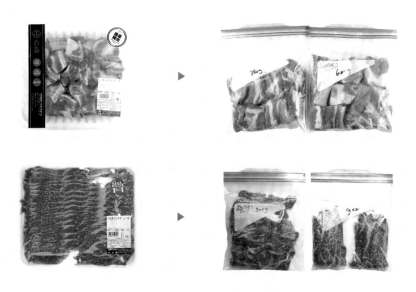

② 事前調味 ➡ 縮短烹調時間

可以讓食材更入味，料理時也能快速上菜。

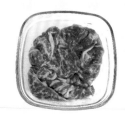

③ 食材舖平排放 ➡ 短時間解凍

將食材適量分裝到保鮮袋時，盡可能「平
整平放」，並擠出袋內空氣，方便解凍，
也可做到保鮮效果。

④ 袋上標示名稱、重量、日期 ➡ 在保存期限內食用

在料理和使用上可以一目了然，避免不小心放過期的問題。

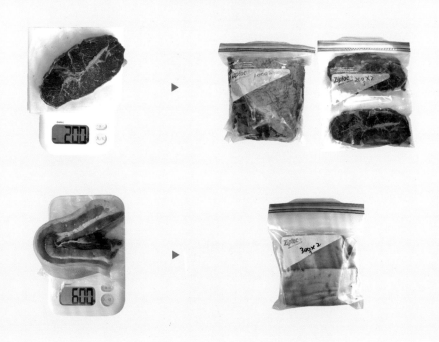

保存

① **冷凍保存** 生食約2 ～ 3週、熟食約1個月

還不會馬上使用的食材，分裝保存後要馬上冷凍，保持食物的鮮度。

② **冷藏保存** 約2 ～ 3天

近期會使用的食材或解凍食品，並盡快料理。

解凍

① **生食 ➡ 自然解凍**

肉類或海鮮等生食，可在料理的前一
天移至冰箱冷藏低溫解凍。

② **熟食 ➡ 自然解凍或微波爐解凍**

事前調理過的熟食，可以放至冷藏低溫解凍，
如果沒有時間的話，可直接使用微波爐解凍。

如何選擇便當食材？

對於廚房新手來說，先不談怎麼煮，光是如何在傳統市場或大賣場生鮮區中挑選食材，就足夠讓人一個頭兩個大。其實，挑選食材一點都不難，只要把握幾個小撇步，你也能輕鬆買到新鮮又有品質保證的食材。

如何挑選肉類和海鮮食材？

- 在一般傳統市場購買時，可直接觀察味道、顏色以及彈性，因為新鮮的肉及海鮮聞起來是沒有腐敗腥臭味、摸起來的肉質富有彈性，用手指腹輕輕的按壓就可立即彈回。

- 在超市或大賣場購買時，可以用眼睛先觀察，選購包裝完整無破洞、底層沒有血水滲出、商品的外包裝有完整標示品名、原料、淨重、有效日期、保存條件，以及是否有CAS認證標章等資訊。

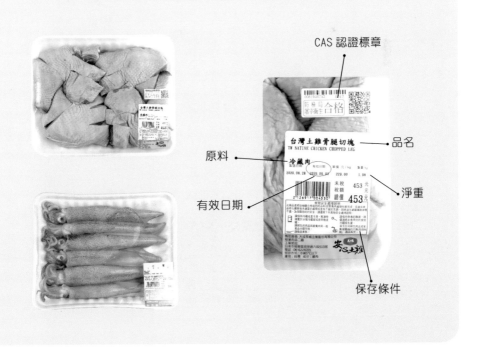

CAS 認證標章

原料

有效日期

品名

淨重

保存條件

如何挑選蔬菜類食材？

在一般傳統市場、超市或大賣場購買時，可直接觀察蔬菜的外觀，來判斷食材的新鮮度。

● 葉菜、包葉菜類（青花菜、結球白菜、芥藍菜等）

挑選球形完整、結球緊密、
葉片完整且沒有枯萎變黃。

沒有變黃

形狀完整、緊密

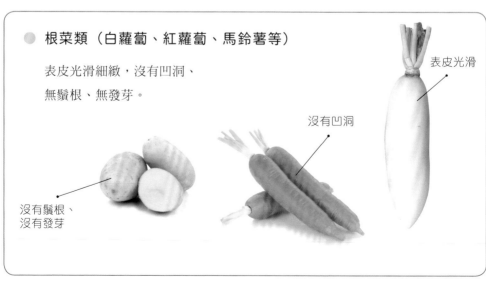

● 根菜類（白蘿蔔、紅蘿蔔、馬鈴薯等）

表皮光滑細緻，沒有凹洞、
無鬚根、無發芽。

表皮光滑

沒有凹洞

沒有鬚根、
沒有發芽

● 莖菜類（洋蔥、薑、竹筍等）

選購表面光滑飽滿、
聞起來沒有腐敗臭味。

光滑飽滿

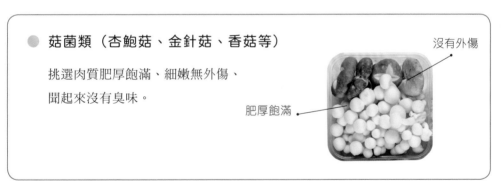

● 菇菌類（杏鮑菇、金針菇、香菇等）

挑選肉質肥厚飽滿、細嫩無外傷、
聞起來沒有臭味。

沒有外傷

肥厚飽滿

我們也可依據政府所核發的CAS認證標章、TAP產銷履歷農產品、有機農產品認
證標章等來做為購買蔬菜的參考依據。

菜色選擇

在掌握挑選食材的原則後，就可以開始著手規劃菜單，在減醣便當的菜色選擇上，建議使用「當季」的食材。原因很簡單，當季食材除了是最新鮮，在最適合的天候條件下生長、價格部分也因盛產而相對便宜。當然，最重要的是食材本身夠新鮮，在料理上只要透過簡單調味，就能吃出鮮甜。以下是當季會有的蔬菜種類：

種類	春季 (3～5月)	夏季 (6～8月)	秋季 (9～11月)	冬季 (12～2月)
綠色蔬菜	菠菜、青花菜、青蔥、小松菜、水蓮、秋葵、四季豆、櫛瓜	青花菜、青蔥、小松菜、水蓮、秋葵、四季豆	菠菜、青花菜、青蔥、小松菜、水蓮、四季豆、櫛瓜	菠菜、青花菜、青蔥、小松菜、水蓮、四季豆、櫛瓜
黃色蔬菜	甜椒、綠竹筍、筊白筍	甜椒、麻竹筍、綠竹筍、筊白筍	甜椒、麻竹筍、綠竹筍、筊白筍	甜椒
紅色蔬菜	辣椒、番茄、紅蘿蔔	辣椒、番茄	辣椒、番茄、紅蘿蔔	辣椒、番茄、紅蘿蔔
白色蔬菜	苦瓜、白蘿蔔、洋蔥、大蒜、結球白菜	苦瓜、白蘿蔔、結球白菜	苦瓜、白蘿蔔、結球白菜	白蘿蔔、洋蔥、結球白菜、大蒜
紫色蔬菜	茄子	茄子	茄子	
菇菌類	杏鮑菇、香菇、金針菇	杏鮑菇、香菇、金針菇	杏鮑菇、香菇、金針菇	杏鮑菇、香菇、金針菇
雜糧	甘藷、玉米	玉米	玉米、山藥	甘藷、玉米、山藥

資料來源：行政院農業委員會農糧署網站（實際供應情形仍需視產地狀況而定）

如何擺放便當食材才不會混味？

每道料理都會有自己專屬的味道，如果是平時常帶便當的朋友，或多或少都曾經有過便當菜與菜之間的味道混在一起，或者是菜的醬汁混入到白飯，導致米飯軟爛的經驗。為了避免味道混在一起，可以透過以下幾種方式，來減少便當混味的問題。

選購分隔或分層的便當盒

目前市面上滿多品牌都有推出不同材質的分隔或分層的便當盒，可以運用便當盒本身的分隔或分層設計，把米飯和肉、菜料理分開裝，或者是把口味較重與較清淡的料理分開裝，這樣的作法都可避免肉、菜的味道和米飯混在一起。

透過烹飪手法來減少湯汁

在烹飪過程中減少紅燒或勾芡，而改以乾煎、氣炸，或者是烤箱烘烤等烹飪方式，並在盛裝便當時，盡量不要把菜餚的湯湯水水一起放入便當盒裡。

把有醬汁的菜餚單獨放入分隔盒中

如果遇到有醬汁的料理時，可以將它單獨放在便當盒內的分隔，這樣的做法可避免湯汁沾裹到其他道的菜餚。

🍜 如何組裝一個美味好吃的便當?

利用食材的體積大小,來決定便當菜的擺放順序

在盛裝便當時,先把體積較大的主菜(肉、海鮮等)放入便當盒中;接著再放入雞蛋、豆腐等,體積適中,但比較容易因碰撞而受到擠壓的食材;最後放入蔬菜這類比較軟,可以稍微彎折的食材,來填充便當的空隙部分。減醣主食(青花菜飯、蒟蒻麵、蒟蒻米、蒟蒻米飯、櫛瓜麵等),則建議單獨用便當盒裝。

利用配菜讓便當加分

在盛裝便當時,以不同蔬菜來襯托主菜,並增添便當的視覺豐富性。例如:綠色蔬菜的水蓮、黃色蔬菜的玉米、紅色蔬菜的甜椒、白色蔬菜的蘿蔔等等,都是色彩豐富又美味的配色食材。

不同加熱工具的配色選擇

因應不同的加熱工具會選擇不一樣的配菜，以及配菜在料理的烹飪時間。例如，如果是用電鍋蒸便當的話，則把容易軟嫩、變黃的綠色蔬菜和紫色蔬菜，改成較耐久蒸的黃色蔬菜、紅色蔬菜和白色蔬菜。如果是用微波爐加熱的話，在烹飪綠色蔬菜時，建議煮到約七～八分熟即可，這樣再次加熱時，也比較不擔心葉菜類會因加熱過度而變黃；或者是在微波爐加熱時，縮短加熱的時間。

利用造型模具來做食物雕花

可以利用食物本身的顏色、硬度（例如紅白蘿蔔、甜椒、木耳等），再運用一些造型模具來做簡單的食物雕花（星星、愛心、聖誕樹），或者是青蔥切絲，更能讓整個便當的配色擺盤更加搶眼。

如何選擇便當盒？

蒸便當的我該怎麼選？

如果加熱工具是蒸飯箱或電鍋的話，建議以金屬
（不鏽鋼材質）的便當盒為主。

當日現做、不須加熱的我該怎麼選？

如果當日現做、不須再加熱的便當，在便當盒的選擇上則無設限，可依照個人
喜好，選擇金屬（不鏽鋼材質）、玻璃、陶瓷、竹或木片、塑膠（須符合PP加
熱標準＆時間）等材質的便當盒。

微波爐的我該怎麼選？

如果加熱工具是微波爐的話，建議以玻璃、陶瓷、塑膠（須符合PP加熱標準＆
時間）等材質的便當盒為主。請注意：使用微波爐時，不要連同便當蓋一起微波。

省時省力料理器具

正所謂「工欲善其事，必先利其器」，若想要自己動手做便當，適度的運用料理電器來減少做便當的時間，就顯得相當重要。大家可依照個人的喜好、多少人吃飯、下廚的頻率，以及預算來做選擇。

氣炸鍋、氣炸烤箱、烤箱

一般來說，廚房的空間是有限的，大多數家庭很難同時擁有氣炸鍋、氣炸烤箱、烤箱這三種產品。因此，建議大家可依照人口數，以及比較常做的料理種類選擇：

產品類型	容量	料理時間	適用料理
氣炸鍋	最小	快速	酥炸料理、果乾
烤箱	最大	較長	燒烤料理、各類麵包、蛋糕、甜點
氣炸烤箱	適中	適中	酥炸料理、甜點、果乾

氣炸鍋

氣炸烤箱

烤箱

不沾炒鍋

廚房內一定要有個不沾鍋，因為不沾鍋可依照食材的特性，以不放油或少油就能達到不沾的效果。挑選不沾鍋時，建議挑選符合法規、有品質保障的品牌。不沾炒鍋的大小，可依據家中人口數，以及瓦斯爐空間做選擇：

- 1 ～ 2人的家庭：建議選24 ～ 26公分的炒鍋。
- 3 ～ 4人的家庭：建議選28 ～ 30公分的炒鍋。
- 4人以上的家庭：建議選33公分的炒鍋，或者是更大的款式。

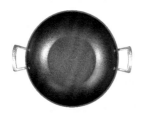 

電鍋

可以煮白飯，也能用來蒸、煮、燉等料理方式，建議選擇10人份電鍋，這尺寸是用途最廣泛、最好利用的大小。

鐵鍋

鐵鍋適合用於牛排、羊排，或者是帶殼海鮮料理，可直接用鐵鏟熱炒，清潔上也能鋼刷，非常好照顧。唯一需要注意的是，使用完畢後，需用瓦斯爐小火烘乾再塗油養鍋。

鑄鐵琺瑯鍋

鑄鐵琺瑯鍋導熱速度快，適合燉煮、烤箱烘烤、無水料理，以及一鍋到底等料理。
唯一的缺點就是鍋子本身重量較厚重，建議可依以下人口數做選擇：

- 1 ～ 2人的家庭：建議選20公分以下的鑄鐵琺瑯圓鍋。
- 3人以上的家庭：建議選22公分以上的鑄鐵琺瑯圓鍋，或26公分
  鑄鐵琺瑯媽咪鍋。

數位電子料理秤、測量勺

秤量食材重量，便於清楚掌握食材的份量和
熱量。

夾鏈冷凍保鮮袋

請選擇冷凍庫專用的材質，雙層夾鍊可以有效密封生鮮
食品。

食物烹調專用紙

可用於烤箱、氣炸鍋、氣炸烤箱，能防止食
物在加熱過程中沾黏烤盤，耐熱溫度可達
250℃。

如何快速做出一個減醣便當？

善用「時間差」、「料理工具」可多工料理

料理所需的切菜、備料、烹飪時間長短不一，可依據食物特性調整順序，可從最花時間的肉類，依序是豆腐、菇類、雞蛋、青菜來做料理。在設計便當時，可以利用不同的料理工具（例如：電鍋、氣炸鍋、烤箱、氣炸烤箱以及瓦斯爐），同時開啟多工模式。

利用「一鍋到底」減少料理時間

在料理順序的規劃上，可以從沒有醬汁煮到濃郁醬汁，例如：玉子燒→炒青菜→花雕雞；或者用鑄鐵鍋做一鍋到底料理。以上這兩種做法，都可以減少料理時間，和烹煮過程需要清洗鍋子的時間。

充分利用「料理工具的空間」做分隔料理

可以善用一鍋多道的烹飪方式，來節省做菜的時間。如果是使用氣炸鍋，能同時料理不同食材，例如肉品比較需要時間料理，通常需兩次的氣炸時間讓肉的表皮酥脆，進行第二次氣炸時可以將配菜類蔬菜或菇類等食材放置鍋內一側，或是使用電鍋疊煮的方式，一次完成2～3道的料理，便當的主菜和配菜通通解決。

好市多調味料大推薦

日本北海道日高昆布

可用來熬製湯頭、燉煮壽喜燒和味噌昆布湯都好吃。

柴魚片

小包裝，容易保存，不易受潮且帶有新鮮鰹魚香氣，適合煮湯、涼拌等料理。

科克蘭無鹽奶油

未含生長激素，奶香味濃郁，性價比高，適合烘焙或料理使用。

科克蘭
冷壓初榨橄欖油

適合煎、煮、涼拌，以及沾醬使用。

科克蘭
地中海式調和油

發煙點攝氏205度，且不含人工香料，適合煎、煮、炒、炸等料理使用。

科克蘭純海鹽

不會過於死鹹，可以使用於烹飪、涼拌，以及沾醬使用。

研磨黑胡椒粒

料理時，可直接研磨的黑胡椒粒，這樣的胡椒香氣會更加濃郁。

日本萬能醋

味道酸甜，使用時不需要額外加鹽，可以用於日式醃漬物或壽司等日式料理。

日本進口鰹魚淡醬油

不會過鹹，適合煎、煮、涼拌，以及沾醬等日式料理。

日式燒肉醬

味道豐富，富有洋蔥、蘋果，以及蒜頭的香氣，可直接做肉類使用的醃漬醬料。

特級砂糖

可用於一般家庭料理，以及烘焙。

李錦記舊庄蠔油

帶有蠔汁的醇厚鮮味，適合醃漬、熱炒、燉煮等料理使用。

吉亞尼格力亞朵酒莊
精選慕斯卡甜白酒

酒精濃度3%，口感柔順帶有水果甜味，適合用於海鮮料理。

蜜蜂工坊
台灣鮮採蜂蜜

帶有荔枝龍眼蜜的香氣，適合搭配茶飲，以及料理使用。

胡麻醬

使用純正日式醬油和焙煎芝麻調和而成，適合用於沾醬使用。

新信州味噌

味道帶有昆布的鮮甜，非常適合醃漬、煮湯等日式料理使用。

柯克蘭全脂鮮乳

味道濃郁，乳汁不含生長激素，適合烘焙及料理使用。

安佳乳酪絲

混合切達、帕米桑、馬茲摩拉乾酪絲，奶香味十足，焗烤後會牽絲，非常適合用於氣炸、烤箱等料理。

30天減醣便當全提案

DAY 1

里肌肉排便當 23.8g + 青花菜飯 5.1g

DAY 2

香烤鮭魚 5.6g + 青花菜飯 5.1g

DAY 3

虱目魚肚便當 10.3g +
青花菜飯 5.1g

DAY 4

蒸肉蛋便當 11.6g +
櫛瓜麵 3.5g

DAY 5

美味小管便當 14.6g +
蒟蒻米 0.4g

DAY 6

香菇鑲肉便當 8.4g +
蒟蒻米 0.4g

DAY 7

焗烤蝦便當 13.9g +
蒟蒻米 0.4g

DAY 8

四季豆炒牛肉便當 9.6g +
青花菜飯 5.1g

DAY 9

咖哩牛肉捲便當 19.8g + 蒟蒻麵 0.4g

DAY 10

紅棗枸杞蝦 9.5g + 青花菜飯 5.1g

DAY 11

杏仁蝦便當 21.3g +
蒟蒻米 0.4g

DAY 12

洋蔥烤雞腿便當 20.9g +
蒟蒻麵 0.4g

DAY 13

香草雞肉便當 12.7g +
蒟蒻米 0.4g

DAY 14

剝皮辣椒雞腿便當 13.6g
+ 青花菜飯 5.1g

DAY 15

奶油海鮮 1.9g +
櫛瓜麵 3.5g

DAY 16

炸雞便當 25.4g +
蒟蒻米 0.4g

DAY 17

檸檬魚便當 7.0g + 櫛瓜麵 3.5g

DAY 18

鹹香滷味便當 18.7g + 蒟蒻麵 0.4g

DAY 19

豬五花乳酪捲便當 15.6g
+ 蒟蒻米 0.4g

DAY 20

奶油干貝便當 11.1g +
青花菜飯 5.1g

DAY 21

薑汁燒肉便當 13.9g +
蒟蒻麵 0.4g

DAY 22

照燒中卷便當 21.1g +
蒟蒻麵 0.4g

DAY 23

蒜片牛排便當 5.6g +
蒟蒻米 0.4g

DAY 24

醬燒三杯雞便當 15.2g +
蒟蒻麵 0.4g

DAY 25

塔香蝦仁便當 12.3g + 櫛瓜麵 3.5g

DAY 26

起司漢堡排便當 19.7g + 蒟蒻米 0.4g

DAY 27

鮮蔬燉牛肉便當 29.9g

DAY 28

五花肉什錦便當 6.8g +
青花菜飯 5.1g

DAY 29

胡椒蝦便當 14.2g +
蒟蒻麵 0.4g

DAY 30

花雕雞便當 27.8g + 蒟蒻米 0.4g

🍚 取代澱粉的主食選擇

- 兼顧口感及控制總醣攝取，可以白米:蒟蒻米=2:1的比例去做為主食。
- 若要增加膳食纖維攝取，可以利用糙米或五穀米作為白米的替代。
- 如果想達到瘦身的效果，嚴格控制總醣份在50～60g之間，非常推薦青花菜飯、
  蒟蒻米、蒟蒻麵，以及櫛瓜麵作為主食的選擇。

青花菜飯
5.1g

蒟蒻米
0.4g

蒟蒻麵
0.4g

櫛瓜麵
3.5g

主食	1人份量	熱量(kcal)	粗蛋白(g)	粗脂肪(g)	膳食纖維(g)	總醣(g)
青花菜飯	200.0	48.7	3.6	0.3	4.2	5.1
蒟蒻米	200.0	40.0	0.2	0.2	8.8	0.4
蒟蒻麵	200.0	40.0	0.2	0.2	8.8	0.4
櫛瓜麵	200.0	30.3	2.9	0.2	1.9	3.5
蒟蒻米飯	200.0	197.5	3.3	0.5	6.2	43.4
白飯	200.0	366.3	6.2	0.5	1.1	80.9

肉類主食便當

豬腹協排切塊

好市多的豬腹協排切塊，肉屬於厚實又帶有一些軟骨，非常適合紅燒、氣炸、煮湯等料理方式。賣場上分別有整條、切塊兩種包裝，建議購買已經切塊的豬腹協排，因整塊的豬腹協排都是一整排帶有整根骨頭的，一般家裡的刀很難能把骨頭從中間剁成塊狀，所以直接買切塊好的，對主婦們來說非常方便！

台灣豬腹協排切塊
309元/1kg

依照所需料理的份量小袋分裝保存，並且在保鮮袋上標記名稱、日期、重量，再放入冰箱冷凍保存，以先進先出的準則取用、料理。

- 2～3週冷凍保存
- 自然解凍或冷藏低溫解凍

美味關鍵

1. 在醃製豬腹協排切塊時，建議可以加入少許的白胡椒粉、蒜末、香油、米酒及醬油，或者只加米酒及白胡椒粉，來達到去除腥味的效果。

2. 如果是隔天要料理，可將以上食材放入保鮮袋先混合醃製，再送入冰箱冷藏保存，會更加入味。

豬里肌心燒肉片

好市多所販售的豬里肌心燒肉片，吃起來的口感是比較有咬勁、不油膩，也不會乾柴，一般常用於炸豬排。每一組的豬里肌心燒肉片有4袋真空包裝，一個真空包裡面大約有8～10片不等，一片重量約60g。

豬里肌心燒肉片真空包
279元/1kg

① 小袋真空包保存

將一組豬里肌心燒肉片裁切成4小袋，在包裝上標註名稱、重量、日期，並直接送入冰箱冷凍室保存，要料理前一晚移至冷藏區自然解凍。

- 2～3週冷凍保存
- 自然解凍或冷藏低溫解凍

② 適量分裝

將一小袋的真空包裝拆開，依照食用的份量適量或分片分裝保存，並標示食材名稱、重量、日期，平整放入冰箱冷凍，小份包裝方便解凍。

美味關鍵

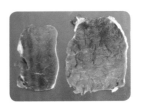

為了要讓豬里肌心燒肉片吃起來更加美味可口，可以在調味前先將肉片槌成薄片，把肉的纖維拍斷，並且避免肉質在加熱過程中，因為收縮而導致乾柴難咬。

豬五花火鍋片

豬五花肉就是大家所熟悉的三層肉，因為油脂香氣很足，所以肉的風味較濃郁，一般常用於燉煮、熱炒、氣炸、燒烤、絞肉等料理方式。好市多的豬五花火鍋片是一整盒的大包裝，減醣的好食材，CP值超高！

台灣冷凍豬五花火鍋片
259元/1kg

分裝保存

好市多的豬五花火鍋片買回家後，可依照需要使用的份量分裝，並且標示名稱、日期、重量，再放入冰箱冷凍保存，料理前拿出來可快速解凍並方便料理。

- 2～3週冷凍保存
- 自然解凍或冷藏低溫解凍

 ▶

🍴 美味關鍵 🍴

1. 在選購時，請務必選擇油脂和瘦肉較平均的那一塊五花肉，因為油脂多，在烹飪的過程中會有過多的油，建議在料理前可以把多餘的油脂切除後再料理。

2. 豬五花肉片非常適合拿來製作絞肉，為了降低肉品來源的疑慮，料理時建議自己動手剁成絞肉使用，可以做成各式的肉醬、肉燥、肉丸等。

帶皮豬五花肉

好市多的豬五花是一整盒的大包裝，裡面有三大條的豬五花肉，油脂多且Q軟，適合拿來做紅燒、醬煮、氣炸等料理，非常多變化。

台灣帶皮五花豬肉
235元/1kg

分裝保存

買回家後，可以先依照自己想要的烹飪方式，切成4～6等份，盡可能的大塊冷凍保存，因為使用大塊肉的保存方式，較能減少細菌孳生。接著在保鮮袋上標示名稱、日期、重量，再放入冰箱冷凍室保存。下次烹調時移至冷藏區慢慢解凍。

- 2～3週冷凍保存
- 自然解凍或冷藏低溫解凍

🍴 **美味關鍵** 🍴

1. 在去除肉品腥味時，可在川燙用的冷水中，加入1ml的米酒或是2～3片的薑片去除腥味。

2. 在川燙豬肉去血水時，請直接把肉放入冷水中煮至沸騰，並且在過程中不要攪動，雜質可以處理的較乾淨，攪拌這個動作會讓湯汁變混濁。

酸甜微辣口感

豬肉便當

秘製糖醋乾式排骨

氣炸排骨便當

TOOL

一般常見的糖醋排骨是用番茄醬、醬油膏來調味，屬於濕式排骨，雖然好吃但口味稍重。而卡卡秘製私家排骨，有別於傳統作法，利用豬腹協排切塊本身的油脂，以氣炸取代油炸，在料理過程中沒有使用番茄醬，吃起來是偏乾式風味的糖醋排骨，非常推薦給喜歡酸甜口感的朋友。

1人份量	總熱量	醣份	膳食纖維	蛋白質	脂肪
108.3g	285.8cal	2.9g	0.2g	19.0g	21.2cal

準備材料（3人份）

豬腹協排切塊300g	砂糖2g
蒜頭6g	米酒2ml
辣椒1g	白醋3.5ml
地瓜粉5g	醬油3ml
白胡椒粉1g	香油1.5ml

料理方式

1. 先將蒜頭切末、辣椒切碎備用。

2. 將豬腹協排切塊、白胡椒粉、一半蒜末、香油、米酒及醬油攪拌均勻後，**醃製約30分鐘**。

2

3. 把醃製後的豬腹協排切塊均勻沾裹薄薄的地瓜粉後，靜置約5分鐘等待反潮，接著放入氣炸鍋內，以**180度烤10分鐘**進行第一次氣炸。

3

4. 氣炸後確認豬腹協排切塊可用筷子穿透肉，以溫度**200度烤2～3分鐘**進行第二次氣炸至表面酥脆。

5. 最後，把白醋、砂糖、剩下的蒜末、辣椒，跟已熟透的豬腹協排充分攪拌均勻便完成。

5

Tips
1. 如何判斷排骨是否已熟透？可以用筷子刺穿肉的最厚處，即是熟透。
2. 由於排骨本身已經帶油脂，所以這道料理氣炸時不需要額外噴油。
3. 反潮可使氣炸排骨時達到不易脫漿、掉粉，並維持酥脆的口感。

便當總醣份
10.2g

胡麻醬佐秋葵 *4.1g*
P.203

玉子燒 *3.2g*
P.234

糖醋乾式排骨 *2.9g*
P.54

＊食用時再淋上胡麻醬

醋香滷五花肉

誰說滷肉一定要用滷包？如果你喜歡鹹甜的滷肉，非常推薦這道醋香滷五花肉，只要把醬汁按照比例先調配好，再和豬五花肉一起放入電鍋蒸，就能輕鬆滷出一鍋鹹甜又帶有醋香的滷肉，而且滷肉湯汁拿來滷豆干、海帶、豆皮也很好吃。

皮Q肉彈香噴噴

1人份量	總熱量	醣份	膳食纖維	蛋白質	脂肪
333.8g	765.0cal	17.1g	2.2g	34.4g	60.0cal

✎ 準備材料（4人份）

豬五花肉600g　　　砂糖45g

豆干100g　　　　　米酒15ml

海帶60g　　　　　　烏醋30ml

豆皮100g　　　　　醬油60ml

紅蘿蔔80g　　　　　水220ml

蒜頭25g

✎ 料理方式

1. 先將五花肉切塊、紅蘿蔔切塊、蒜頭切末備用。

2. 將五花肉放入裝有冷水的鍋子裡，開小火煮到水
   滾，煮至表面無血色就可撈出備用，川燙的水要倒
   掉不可使用。

3. 取一鍋子，倒入米酒、烏醋、砂糖、醬油、水、蒜
   頭，再加入紅蘿蔔和已川燙的五花肉、豆干，並
   放入電鍋蒸煮（外鍋放**3杯量米杯的水**）。

4. 等待電鍋開關鍵跳起後，先撈起滷肉、豆干，再把
   海帶和豆皮放入滷汁。

5. 將內鍋取出放置瓦斯爐上煮**約15分鐘**即完成。

....

Tips　為了讓豆干可以滷得更入味，買來後可先放進冷凍庫，冷凍至少4小時，之後拿
　　　出來退冰再滷，這樣在滷製的過程中，更容易吸附滷汁、更入味。

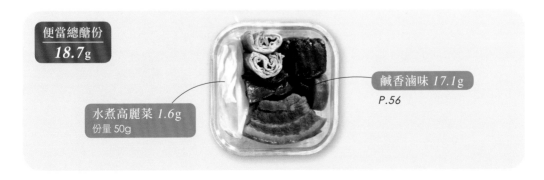

便當總醣份
18.7g

鹹香滷味 *17.1g*
P.56

水煮高麗菜 *1.6g*
份量 50g

綿密口感帶有甜味

馬鈴薯燉肉

TOOL

如果吃膩台式滷肉，不妨來試看看這道每個日本媽媽都會做的家常馬鈴薯燉肉。水煮馬鈴薯的熱量不高，且含有多種維生素，不僅有足夠的水分和纖維，更是非常好的抗性澱粉。這道料理除了馬鈴薯跟豬肉是必備食材，可以依照個人喜好放入蔬菜和蒟蒻一起燉煮，吃起來不僅富有飽足感，更能吃到蔬菜的自然鮮甜。

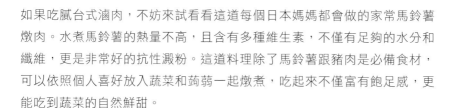

1人份量	總熱量	醣份	膳食纖維	蛋白質	脂肪
287.5g	279.4cal	21.0g	2.4g	10.3g	15.0cal

準備材料（4人份）

豬五花肉片160g　　　米酒20ml

馬鈴薯350g　　　　　味醂20ml

洋蔥100g　　　　　　日式醬油60ml

紅蘿蔔100g　　　　　水300ml

豌豆莢40g

料理方式

1. 先將馬鈴薯去皮切塊、洋蔥切丁、紅蘿蔔去皮切
   塊、豌豆莢去頭尾備用。

2. 取一鍋子，放入馬鈴薯、洋蔥、紅蘿蔔、米酒、味
   醂、日式醬油，以及水，並放置瓦斯爐上，用小火
   燉煮至馬鈴薯軟爛。

3. 接著轉中小火，再放入豬五花肉片和豌豆莢，煮至
   熟透即完成。

 Tips

1. 台灣醬油多半比日本醬油鹹，建議可加砂糖
   調整鹹度，並斟酌醬油的使用量。

2. 可把馬鈴薯外表的泥土剝乾淨後，用報紙
   包住，並放置通風良好的陰涼處；或把馬
   鈴薯和蘋果一起放置深色紙袋中，可以抑
   制發芽；也可蒸熟後切塊冷凍保存。

3. 馬鈴薯如果發芽了，建議不要食用。

便當總醣份
21.6g

溏心蛋 0.6g
P.233

馬鈴薯燉肉 21.0g
P.58

氣炸豬里肌排

 里肌肉排便當

 TOOL

豬里肌肉的低脂肪、低熱量是完全不輸給雞胸肉,也是減醣族群的愛好。
如果吃膩了雞胸肉,就來吃看看看豬里肌吧!台灣常見的炸排骨多半都有
裹粉,其中又可以區分為酥炸粉、麵包粉以及地瓜粉這三種。我最喜歡
的是只有薄薄一層地瓜粉的作法,可以直接吃到肉的原味。

肉香四溢鮮嫩多汁

1人份量	總熱量	醣份	膳食纖維	蛋白質	脂肪
115.6g	217.3cal	0.8g	0.1g	24.8g	11.9cal

◒ 準備材料（3人份）

豬里肌心燒肉片330g　　米酒1ml

蒜頭5g　　　　　　　　醬油8ml

地瓜粉0.25g　　　　　　香油1ml

黑胡椒0.5g　　　　　　食用油1ml（氣炸鍋噴油用）

◒ 料理方式

1.　先將豬里肌心燒肉片槌成薄片、蒜頭切末備用。

2.　取一器皿，放入豬里肌心燒肉片、黑胡椒、蒜末、香油、米酒及醬油攪拌均勻，放置冰箱冷藏**醃製約20分鐘**。

2

3.　把醃製過後的里肌肉排均勻地沾裹一層薄薄的地瓜粉，靜置約5分鐘等待反潮。

3

4.　將里肌肉排表面噴油後放入氣炸鍋裡，以溫度**200度烤4分鐘**進行第一次氣炸。

5.　接著將里肌肉排翻面，以溫度**200度烤2分鐘**進行第二次氣炸。

4

....

Tips　1. 里肌肉排要先槌過，把豬肉纖維切斷後，肉吃起來會更加柔軟好吃。

　　　2. 豬里肌心燒肉片的油脂較豬腹協排切塊少，使用氣炸鍋前可噴上少許的油。

便當總醣份
23.8g

里肌肉排 *0.8*g
P.60

胡麻醬佐秋葵 *4.1*g
P.203

烤起司玉米 *18.9*g
P.206

＊食用時再淋上胡麻醬

清爽不油膩

豬肉便當

起司豬佐筊白筍

豬五花
乳酪捲便當

TOOL
烤箱

不同於印象中的起司豬排，這道料理不需要用麵包粉和雞蛋去裹粉油炸，而是改用豬五花肉片直接包裹乳酪絲跟筊白筍。筊白筍的水分多、熱量低、纖維含量高，並且富含維生素A和C，在料理中加入這個食材，吃起來不僅可以綜合五花肉片的油膩偏鹹，更多了脆脆且多汁的口感。

1人份量	總熱量	醣份	膳食纖維	蛋白質	脂肪
93.4g	241.1cal	2.2g	0.7g	10.4g	20.7cal

準備材料（3人份）

豬五花肉片150g
筊白筍90g
乾酪絲30g
燒肉醬10ml
七味粉（依喜好添加）

料理方式

1. 取一器皿，放入豬五花肉片與燒肉醬，並且混合攪拌均勻，**醃製約30分鐘**。

2. 把筊白筍切成條狀，長度略長於肉片寬度。

3. 將醃製後的肉片平整放在舖有烘焙紙的烤盤上，放上乾酪絲和筊白筍條，接著將肉片捲起來。

4. 放入烤箱以溫度**230度烤10分鐘**，之後翻面再以**230度烤5分鐘**，烤至表面呈現焦黃色，撒上七味粉即完成。

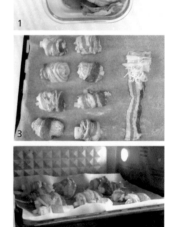

Tips 馬茲摩拉乳酪如果一次用不完，請務必放置冰箱冷凍密封保存，以避免發霉，密封好的話可保存一個月。

便當總醣份
*15.6*g

日式醃蘿蔔 *6.9*g
P.212

蒜炒芥藍菜 *6.5*g
芥藍菜 150g、蒜頭 5g、
油 1.5ml、水和鹽巴適量
拌炒

豬五花乳酪捲
*2.2*g
P.62

氣炸胡椒豬五花

熱愛豬肉油香的朋友,請務必要嘗試這道簡單、快速的氣炸豬五花,
只需要用鹽巴、黑胡椒簡單的進行調味,就能吃到酥脆的豬皮以及
軟嫩的肉,真是滿嘴油香不油膩。

外皮酥脆肉質鮮嫩

1人份量	總熱量	醣份	膳食纖維	蛋白質	脂肪
122.3g	450.9cal	2.5g	0.5g	16.7g	40.9cal

準備材料（2人份）

豬五花肉220g
蒜頭20g
鹽巴2.5g
黑胡椒1g
食用油1ml

料理方式

1. 用戳針將五花肉的豬皮平均戳出無數個小洞後，塗上鹽巴和黑胡椒粒。

2. 將蒜頭表面沖洗、剝皮後，在表面均勻塗抹上油。

3. 在氣炸鍋的鍋底先加入一點水，以避免氣炸時油煙過大。接著在豬皮的表面抹油，豬皮朝下放進氣炸鍋，並同時放入抹過油的蒜頭，以溫度**200度烤8分鐘**進行第一次氣炸。

4. 接著先把蒜頭取出，再將豬皮翻面，以溫度**200度烤8分鐘**進行第二次氣炸。

5. 將氣炸完的五花肉、蒜頭切片，盛盤即可上桌。

Tips
1. 蒜頭需要剝除外皮後再塗上薄薄的一層油，這樣可避免氣炸過程容易焦黑。
2. 在五花肉的豬皮上平均戳出小洞，在氣炸的過程中可以把多餘的油脂逼出，氣炸得更加酥脆。

便當總醣份
7.7g

胡麻醬佐秋葵 *4.1g*
P.203

溏心蛋 *1.1g*
P.233

氣炸五花肉 *2.5g*
P.64

＊食用時再淋上胡麻醬

厚實多汁好想咬一口

TOOL

豬肉便當

手打香菇肉鑲

香菇鑲肉
便當

帶有香菇香、蒜香、酒香的香菇鑲肉，是道經典的家常電鍋料理。香菇不僅具備低熱量、高蛋白外，更富含維生素、多醣類、高纖維質的食材，適量食用有助於保持腸道健康。料理時，可直接將五花肉片剁成絞肉，在口感上增添多肉的層次。

1人份量	總熱量	醣份	膳食纖維	蛋白質	脂肪
112.8g	*224.9cal*	*2.9g*	*2.1g*	*9.1g*	*18.5cal*

♨ 準備材料（2 人份）

豬五花肉片100g	蔥花（依喜好添加）
新鮮香菇80g（6朵）	醬油3ml
紅蘿蔔30g	米酒2.5ml
蒜頭5g	
薑5g	

♨ 料理方式

1. 將紅蘿蔔切丁，蒜頭、薑切末備用。

2. 將豬五花肉片直接剁成絞肉後，加入紅蘿蔔丁、蒜末、薑末、醬油，以及米酒，並用力把絞肉摔打成團，可增加彈性。

3. 接著把絞肉捏成肉球後，包裹在新鮮香菇中。

4. 取一碗盤，香菇蓋那面朝下，並放入電鍋蒸煮（外鍋放一杯量米杯的水），最後在上桌前撒些蔥花即完成。

....

Tips　1.挑選香菇時要選外觀完整，肉飽滿並帶有香氣，購買後，要裝入乾燥的密封袋裡，並立即放進冷藏庫保存。

　　　2.建議直接買豬五花肉片剁成絞肉使用，吃起來更美味、更安心。

便當總醣份
8.4g

滷蛋 1.1g
作法同 P.180 可樂
滷五花

氣炸蔬菜 4.4g
櫛瓜 120g、紅蘿蔔 80g，
作法同 P.192 油烤番茄櫛瓜

香菇肉鑲 2.9g
P.66

鹹香瓜仔肉蒸蛋

如果沒有太多時間滷肉的話,可嘗試做這道懶人必學的瓜仔肉蒸蛋。
在蒸肉中加入雞蛋,不僅可提升絞肉的口感,吃起來更加滑潤,並
降低蔭瓜的鹹味。帶有淡淡鹹香的蔭瓜搭配上滑嫩的雞蛋,同時擁
有兩種層次的口感,超級推薦!

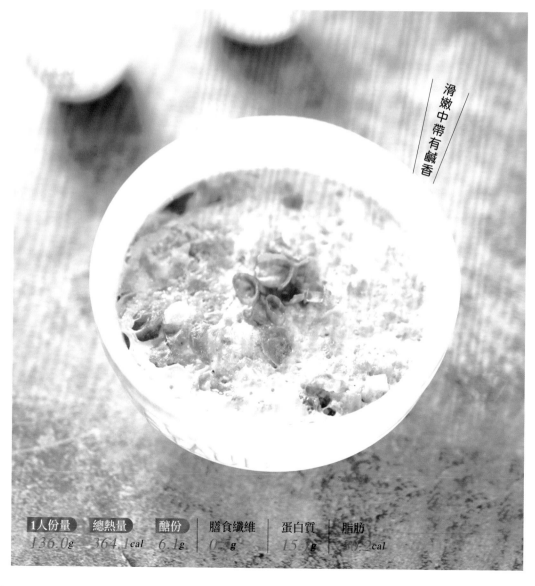

滑嫩中帶有鹹香

1人份量	總熱量	醣份	膳食纖維	蛋白質	脂肪
136.0g	364.1cal	6.1g	0.1g	15.3g	19.2cal

準備材料（2人份）

豬五花肉片150g　　　蔭瓜40g

雞蛋60g（1顆）　　　蔭瓜湯汁10ml

蒜頭10g　　　　　　米酒1ml

蔥花（依喜好添加）

料理方式

1. 先將豬五花肉片剁成絞肉、蒜頭切末，以及蔭瓜切碎備用。

2. 取一器皿，加入絞肉、蒜末、蔭瓜，以及蔭瓜湯汁、米酒、雞蛋後拌勻。

3. 直接把攪拌均勻的絞肉放進電鍋蒸（外鍋約放一量米杯的水量），開關鍵跳起後再撒入蔥花。

Tips
1. 蔭瓜本身就已經帶鹹味，不建議加醬油；口味比較清淡的人，蔭瓜的湯汁只要放一半或者¼就好。

2. 如果比較喜歡瓜仔吃起來帶有脆脆口感的話，可以把蔭瓜改成脆瓜，料理步驟和比例都一樣。

便當總醣份
11.6g

氣炸綜合蔬菜 5.5g
櫛瓜 50g、玉米筍 50g、甜椒 60g、紅蘿蔔 20g，作法同 P.192 油烤番茄櫛瓜

瓜子肉蒸蛋 6.1g
P.68

嗆辣帶有淡淡甜味

薑汁燒肉
便當

(豬肉便當)

日式薑汁燒肉

薑除了是常見的辛香料,更具備抗氧化的效果。這道日式薑汁燒肉的
做法很簡單,關鍵在於薑跟蒜頭一定要磨成泥。除了透過薑裡面的
「薑油酮」及「薑油酚」來提升五花肉的氣味,更因為有了洋蔥的香
甜,整體味道是鹹甜鹹甜,好吃的不得了。

(1人份量)	(總熱量)	(醣份)	膳食纖維	蛋白質	脂肪
117.7g	*300.5cal*	*6.0g*	*0.7g*	*10.6g*	*24.9cal*

準備材料（3人份）

豬五花肉片200g　　砂糖2g
洋蔥100g（半顆）　日式醬油15ml
薑10g　　　　　　味醂10ml
蒜頭5g　　　　　　米酒10ml
　　　　　　　　　食用油1ml

料理方式

1. 將薑和蒜頭磨成泥、洋蔥切絲備用。

2. 取一器皿，加入薑泥和蒜泥、日式醬油、味醂、米酒、砂糖攪拌均勻備用。

3. 在鍋中倒入食用油及洋蔥絲，拌炒至有香味。

4. 倒入步驟2已調配好的醬汁，並持續燉煮**約10分鐘**。

5. 最後，把豬五花肉片加入鍋中拌炒至熟透即完成。

Tips　在吃薑汁燒肉時，可以依照個人喜好適量放入七味粉、水波蛋和海苔絲，可增添味道的豐富性。

便當總醣份
13.9g

玉子燒 *3.2*g
P.234

烤甜椒 *4.7*g
P.204

薑汁燒肉 *6.0*g
P.70

豬肉便當

蒜苗炒豬里肌肉

蒜苗含有豐富的維生素B群、維生素C，以及蛋白質等營養成分，是個很好的抗氧化食材，增加身體對抗自由基的能力。蒜苗吃起來帶有微微的香辣味，非常適合和豬肉一起做熱炒料理，只要簡單調味就是道清爽不油膩的豬肉料理。

爽口不油膩

1人份量	總熱量	醣份	膳食纖維	蛋白質	脂肪
111.3g	186.2cal	2.1g	0.7g	20.5g	9.7cal

準備材料（2 人份）

豬里肌心燒肉片180g　　鹽巴1g

蒜苗35g　　　　　　　黑胡椒0.5g

蒜頭4g　　　　　　　　米酒1ml

　　　　　　　　　　　食用油1ml

料理方式

1. 將豬里肌燒肉片、蒜苗斜切，蒜頭切片備用。

2. 在不沾炒鍋中放入食用油、蒜頭和蒜苗，並拌炒出香氣。

3. 接著放入豬里肌燒肉片及米酒持續拌炒。

4. 等到肉片炒至熟透後，放入鹽巴及黑胡椒調味。

....

Tips　1. 豬里肌燒肉片、蒜苗要斜切，並且大小、形狀盡量相同，這樣可以讓食材在烹飪的熟成時間差不多。

2. 購買蒜苗比較大量時，先沖洗乾淨並曬乾後，切成蒜苗段或者是蒜苗珠粒，放入一格一格的冰塊盒，送至冰箱冷凍庫，約可保存1週。

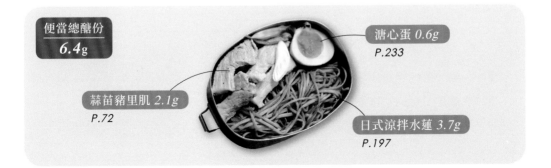

便當總醣份
6.4g

溏心蛋 0.6g
P.233

蒜苗豬里肌 2.1g
P.72

日式涼拌水蓮 3.7g
P.197

牛 肉

嫩肩里肌真空包

好市多販售的嫩肩里肌真空包，以價格和品質來說物美價廉，是CP值最高的牛肉，幾乎能滿足所有料理的需求。一整塊的嫩肩里肌，有肥肉、有筋、也有瘦肉，在料理的用途上非常廣泛，可切塊紅燒、清燉，也能切絲、切片熱炒，甚至剁碎成絞肉做漢堡排等。

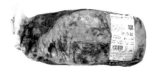

美國特選嫩肩里肌真空包
289元/1kg

分裝保存

拆開包膜後，用廚房紙巾將表面水分擦乾，切成料理需要的適當大小，並在保鮮袋上標註名稱、重量、日期，處理好之後擠出袋內空氣放入冰箱冷凍保存。因為肉品跟空氣接觸的面積越廣、越不耐保存，建議等到要烹煮時再做切片、切絲或絞肉的處理。

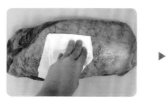  

- 2～3週冷凍保存
- 自然解凍或冷藏低溫解凍

🍴 美味關鍵 🍴

嫩肩里肌真空包有肥有瘦有筋，若是要拿來做燉煮料理時，完全不需要修清，只要切塊就能直接拿來煮，這樣的做法可以同時吃到Q彈的帶筋牛肉，也能吃到很軟嫩的牛肉。

無骨牛小排火鍋肉片

好市多販售的無骨牛小排火鍋肉片，堪稱是賣場中的明星商品。牛小排不僅兼具口感與香味，拿來燉煮、熱炒、乾煎都很適合，更因為肉質香嫩多汁，直接氣炸、燒烤料理也非常好吃。

美國特選無骨牛小排火鍋肉片
1029元/1kg

分裝保存

因為無骨牛小排火鍋肉片一整包的份量非常多，建議買回家後依照需求的份量來分裝，在保鮮袋上標註名稱、日期、重量，並擠出袋內空氣，完成後平整放入冰箱冷凍保存，料理前一晚再拿到冷藏室低溫解凍。

 ▶

- 2 ～ 3週冷凍保存
- 自然解凍或冷藏低溫解凍

美味關鍵

如果想要讓牛肉片吃起來更加的軟嫩，很多人會在醃製時放太白粉或地瓜粉，其實也可以加入一點點的蛋白，肉片吃起來會更加美味。

菲力牛排

好市多販售的牛排分為Prime（極佳級）和Choice（特選級），在料理上只要簡單調味，再加以炙燒、烘烤或乾煎，就能吃到牛肉本身的不同滋味。在購買上，Prime牛排推薦肉質軟嫩帶有紮實、多汁的菲力牛排；Choice牛排則推薦脂肪含量較高、肉質Q嫩，並富有嚼勁的沙朗牛排。

美國頂級菲力牛排
1699元/1kg

 分裝保存

將牛肉從包裝袋取出後，建議一塊一塊稍微有間隔（避免重疊）放入保鮮袋內，接著在袋上標示食材名稱、重量、日期，記得將袋內的空氣擠出，平整放入冰箱冷凍保存，料理前一晚移至冷藏區進行解凍。

- ・2～3週冷凍保存
- ・自然解凍或冷藏低溫解凍

🍴 美味關鍵 🥄

1. 牛排在回溫後，表面會有些許血水，可以先用廚房餐巾紙擦乾後，再撒入海鹽以及現磨的黑胡椒粒，簡單的調味更帶出牛排的鮮甜。

2. 如果手邊沒有溫度計的話，可以用自己的左手手指頭去按壓右手大拇指下的虎口肌肉，以硬度的感覺來判斷牛排大概的熟度。

| 1分熟 | 3分熟 | 5分熟 | 7分熟 | 全熟 |

氣炸蒜片牛排

Q嫩多汁帶甜

1人份量	總熱量	醣份	膳食纖維	蛋白質	脂肪
106.8g	202.3cal	1.4g	0.3g	21.0g	11.9cal

牛肉兼具高蛋白，適合成長中的孩童，以及有增肌需求的人。菲力牛排肉質極嫩，吃起來非常紮實多汁，適合的熟度是三到五分熟，只要調味以及烹飪技巧掌握得宜，在家也能煎出媲美高級餐廳的牛排料理。

🌿 準備材料（2人份）

菲力牛排200g
蒜頭10g
海鹽0.5g
黑胡椒0.5g
橄欖油2.5ml

🌿 料理方式

1. 將菲力牛排從冷凍室取出並放至回溫後，用餐巾紙把表面血水擦乾淨，在牛排的兩面皆灑上海鹽和黑胡椒，並靜置約5分鐘，接著均勻塗抹上薄薄一層的橄欖油。

2. 等待鐵鍋用中火燒熱後，直接將已抹油的牛排下鍋煎，當牛排表層開始出水時（**約煎3分鐘**），再將牛排翻面，繼續煎約**2分鐘**。

3. 接著可用料理夾夾住牛排，將牛排的四個側面都煎至表面無血色，再移至餐盤靜置約**2分鐘**。

4. 等牛排靜置完成，在鐵鍋中倒入適量橄欖油後再放入牛排，讓正反面各自再煎約**1分鐘**，這樣可以讓牛排表皮更加酥脆。

1

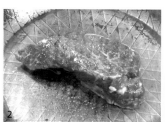

2

4

✌ 蒜片料理

1. 先將蒜頭切薄片約0.1公分，浸泡在鹽水裡約3分鐘。

2. 接著將蒜片取出後，用餐巾紙把水分擦乾，並均勻抹油。

3. 放入氣炸鍋，以溫度**200**度烘烤約4分鐘。

....

Tips 1. 如果是冷凍牛排，請在料理前一天移至冷藏室解凍，在烹煮前半小時拿出來回溫，才能避免在料理過程中，表面已經煎焦，裡面的肉還是冷凍的情形。

2. 剛煎好的牛排需靜置一段時間，可鎖住肉汁的精華，切開才不會血水滲出。

3. 由於奶油比較不耐高溫，太早放容易變焦黑，而影響牛肉的鮮味。如果希望牛排吃起來帶有奶油香氣，請等牛排靜置完成後，第二次回煎時，在鐵鍋內放奶油，再煎牛排，這樣奶油的香氣保留，也能提升牛肉鮮味。

4. 牛排由較瘦的部分往肥的方向橫切，吃起來的口感會更加美味。

便當總醣份
5.6g

蒜味牛排 *1.4g*

P.77

油烤番茄 *3.7g* + 生菜 *0.5g*

小番茄 60g（做法同 P.192 油烤番茄
櫛瓜）、生菜 60g

清甜不油膩

牛肉便當

嫩肩里肌燉蔬菜

鮮蔬燉牛肉便當

這道鮮蔬燉牛肉裡面加入許多洋蔥、薑、青蔥、紅蘿蔔、白蘿蔔等蔬菜，不僅有豐富的膳食纖維和維生素，更有別於一般紅燒的濃厚口味，而是以清爽為主，牛肉吃起來非常清甜，更有滿滿的飽足感。

1人份量	總熱量	醣份	膳食纖維	蛋白質	脂肪
183.9g	152.1cal	15.9g	3.1g	9.5g	4.7cal

準備材料（8人份）

嫩肩里肌真空包300g	薑4g
紅蘿蔔100g	鹽巴1g
白蘿蔔400g	黑胡椒1g
洋蔥150g	米酒5ml
青蔥10g	水500ml

料理方式

1. 將嫩肩里肌牛肉、紅蘿蔔、白蘿蔔切塊，薑切片、洋蔥切丁備用。

2. 將嫩肩里肌牛肉放入滾水中，川燙至表面無血色後撈起。

3. 將牛肉和所有食材（鹽巴除外）放置鑄鐵鍋內。

4. 蓋上鍋蓋，並在鍋蓋跟鍋緣留下約1公分的小縫隙，以免湯汁在加熱過程中噴出鍋外，以小火燉煮**約50分鐘**。熄火後，持續悶**20分鐘**。

5. 等到牛肉軟度差不多入口即化的時候，就可以撒上鹽巴調味。

Tips
1. 牛肉川燙後的髒水不可再利用。
2. 使用嫩肩里肌真空包不需要修清，因為帶筋帶油直接拿來煮非常Q彈好吃。
3. 水會在煮沸過程中蒸發，所以一開始就要加滿，中間不需再額外加水。

便當總醣份
29.9g

秋葵炒蛋 *2.5g*
P.202

蔥燒豆腐 *11.5g*
P.226

鮮蔬燉牛肉 *15.9g*
P.80

四季豆炒牛小排肉片

四季豆含有豐富的膳食纖維，適量攝取可增進腸胃蠕動，改善便祕。很多人覺得四季豆吃起來有股草味，其實可以透過橫切的手法和醬汁的調味，變得容易熟透，並達到去除草味，保留清脆的口感。這次運用沙茶醬的鹹香，在家也能做出鹹淡適中、清爽好吃的四季豆炒牛肉。

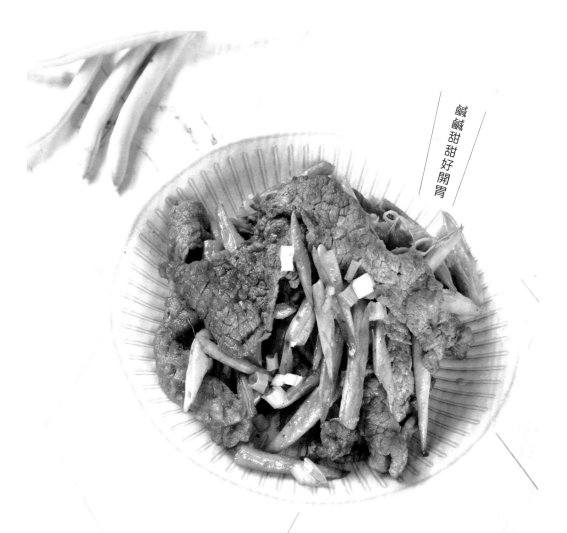

鹹鹹甜甜好開胃

1人份量	總熱量	醣份	膳食纖維	蛋白質	脂肪
143.3g	292.6cal	4.5g	1.7g	15.1g	22.7cal

準備材料（2人份）

無骨牛小排火鍋肉片150g　　沙茶醬10ml

四季豆100g　　　　　　　　醬油10ml

蒜頭10g　　　　　　　　　　米酒2.5ml

蔥花3g　　　　　　　　　　食用油2ml

料理方式

1.　先將四季豆斜切段、蒜頭切末備用。

2.　取一器皿，將無骨牛小排火鍋肉片、沙茶醬、醬油、
　　米酒、蒜頭混合**醃製約20分鐘**。

3.　在不沾炒鍋內加入食用油，放入牛肉片拌炒約五分
　　熟，接著將牛肉夾起來放置一旁。

4.　不用洗鍋，直接放入四季豆，拌炒至香味出來。

5.　最後再把牛肉放回鍋中一起拌炒，盛盤撒上蔥花即
　　完成。

Tips　牛肉先夾起再放回鍋中拌炒，不因料理時間
　　　　較長，可保有牛肉的軟嫩，又能有四季豆的
　　　　清脆。

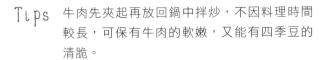

便當總醣份
9.6g

番茄炒蛋 *5.1*g
P.242

四季豆炒牛肉 *4.5*g
P.82

口口咖哩香

牛肉便當

咖哩菇菇佐牛肉

咖哩牛肉捲便當

金針菇的水溶性纖維高，不僅可以降低膽固醇，熱量也低，只要洗乾淨、切一切，用牛肉片包裹起來，不僅可以保有其多汁與口感，也可適度均衡牛肉的鹹度，讓整道料理吃起來清爽又美味。

1人份量	總熱量	醣份	膳食纖維	蛋白質	脂肪
96.8g	180.0cal	3.4g	2.4g	10.3g	12.7cal

84

❧ 準備材料（2人份）

無骨牛小排火鍋肉片100g　　鹽巴1g

金針菇80g　　　　　　　　黑胡椒1ml

蒜頭3g　　　　　　　　　　米酒1ml

咖哩粉7.5g

❧ 料理方式

1. 將金針菇清洗乾淨切段，長度略比牛肉片寬度長；
    蒜頭切末備用。

2. 取一器皿，將無骨牛小排火鍋肉片、蒜末、鹽巴、
    咖哩粉、黑胡椒、米酒混合**醃製約20分鐘**。

2

3. 將金針菇平整擺放在醃製好的肉片上，再慢慢把肉
    片捲起來。

3

4. 接著將肉捲放入氣炸鍋中，不用噴油，以溫度**200
    度烤6分鐘**。

Tips　1. 無骨牛小排火鍋肉片含有豐富油脂，氣炸
　　　　　時不需噴油。

　　　2. 清洗金針菇時，有個妙招可以避免金針菇
　　　　　從包裝拿出來時因為散落而不好洗。首先
　　　　　連同包裝一起切除金針菇的根部，此時包
　　　　　裝紙先不用拆開，直接用流動水沖洗，方
　　　　　便快速。

4

便當總醣份
19.8g

咖哩牛肉捲 *3.4g*
P.84

油烤番茄櫛瓜 *5.2g*
P.192

椒鹽豆腐 *11.2g*
P.228

清脆又爽口

牛肉便當

蠔油芥藍炒牛肉

芥藍牛肉
便當

芥藍菜鈣質含量多,富含脂溶性的維生素,是一種營養價值極高的蔬菜。
芥藍菜吃起來會苦苦的,但料理時如果加米酒拌炒,會大大降低苦味,並
透過蠔油的調味,更能帶出牛肉的鮮甜,以及青菜的清脆口感。

1人份量	總熱量	醣份	膳食纖維	蛋白質	脂肪
50.0g	269.4cal	4.3g	1.9g	15.1g	20.3cal

準備材料（2人份）

無骨牛小排火鍋肉片150g	蠔油12.5ml
芥藍菜175g	香油3ml
蒜頭10g	米酒1ml
薑3g	食用油1ml

料理方式

1. 將芥藍菜切段，蒜頭、薑切末備用。

2. 取一器皿，放入蠔油、香油與無骨牛小排火鍋肉片混合**醃漬約10分鐘**。

3. 在不沾炒鍋中加入食用油，將蒜片和薑片炒至有香氣後，加入醃製好的肉片炒至八分熟。

4. 接著再倒入米酒以及芥藍菜，拌炒至熟透。

....

Tips
1. 炒芥藍菜時可放米酒去除苦味。
2. 在挑芥藍菜時可選莖比較細，或者較多葉子與嫩莖的部分，這樣的口感會比較鮮嫩，適合熱炒。

便當總醣份
15.5g

椒鹽豆腐 *11.2g*
P.228

芥藍牛肉 *4.3g*
P.86

私家牛肉炒蛋

牛肉炒蛋便當

超滑嫩美味

1人份量	總熱量	醣份	膳食纖維	蛋白質	脂肪
164.7g	380.6cal	1.8g	0.2g	24.9g	29.8cal

雞蛋除了含有人體所需要的胺基酸，同時也是最方便取得的蛋白質來源，非常適合搭配牛肉一起拌炒。一般傳統的牛肉炒蛋會用太白粉勾芡，讓雞蛋吃起來更滑順，這次以快速拌炒來取代太白粉，不僅熱量低，口感一樣美味。

🌿 準備材料（2 人份）

無骨牛小排火鍋肉片200g	白胡椒粉1g
雞蛋120g（2顆）	醬油4ml
蒜末1g	米酒2ml
蔥花（依喜好添加）	食用油1ml

🌿 料理方式

1. 取一器皿，放入無骨牛小排火鍋肉片、醬油、蛋白（約½顆）、白胡椒粉、蒜末、米酒混合抓**醃約10分鐘**。

2. 在不沾炒鍋內放入食用油、牛肉片拌炒約五分熟，接著夾起來放置一旁。

3. 這時候不需要洗鍋，直接放入蛋汁（剩下的雞蛋液）拌炒一下。

4. 接著倒入五分熟的牛肉稍微攪拌後熄火。

5. 起鍋前撒上蔥花即完成。

 Tips　在料理牛肉片時，為了要讓肉片吃起來更軟嫩，可以加入蛋白一起醃製。

便當總醣份
7.1g

涼拌蘆筍 *5.3g*

蘆筍 100g、蒜末 5g、
鹽巴 1g、香油 0.5ml，
作法同 P.195 涼拌四
季豆

 牛肉炒蛋 *1.8g*

P.88

Cook more

青辣椒炒肉

· 準備材料（2 人份）

無骨牛小排火鍋肉片150g
青辣椒5g　　蔥花3g
薑末3g　　　砂糖2g
醬油10ml　　蠔油5ml
米酒5ml　　　香油1ml
食用油1ml

· 料理方式

熱鍋下油後，把牛肉炒至七分熟撈
起備用。將青辣椒（切段）、薑
末和蔥花放入鍋中煸炒至香氣飄出
後，倒入調好的醬汁（醬油、蠔油、
米酒、砂糖）以及牛肉片拌炒熟
透，淋上香油即完成。

1人份量 *92.5g* ｜總熱量 *234.6cal* ｜醣份 *2.7g* ｜膳食纖維 *0.1g* ｜蛋白質 *13.5g* ｜脂肪 *19.0cal*

甜椒炒牛肉佐奶油香

鐵板牛柳便當

多彩濃郁奶香

1人份量	總熱量	醣份	膳食纖維	蛋白質	脂肪
131.0g	194.0cal	19.4g	4.1g	11.2g	6.8cal

鐵板牛柳的食材，除了牛肉以外，更少不了洋蔥以及甜椒，色彩繽紛的甜椒不僅可配色，內含豐富的維生素C以及β胡蘿蔔素等抗氧化物，更能增強抵抗力。此外，料理鐵板牛柳時也需要掌握住「快炒」，讓鍋氣能保留住。

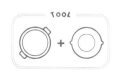

༺ 準備材料（3人份）

嫩肩里肌真空包120g	蒜頭5g
洋蔥65g	無鹽奶油3g
甜椒100g	蠔油10ml
鴻喜菇80g	米酒2.5ml
青蔥5g	食用油2.5ml

༺ 料理方式

1. 先將嫩肩里肌、甜椒切成條狀；鴻喜菇剝開、洋蔥切絲、蒜頭切末、蔥切段備用。

2. 取一不沾鍋倒入食用油，放入嫩肩里肌肉，直接拌炒至八分熟後撈起備用。

3. 將蒜末、蔥段、鴻喜菇放入鍋中一起拌炒至熟透。

4. 接著將已經炒至八分熟的牛肉片、甜椒倒入鍋中，並加入蠔油、米酒一起炒，完成後先取出。

5. 取一鐵鍋，放入無鹽奶油和洋蔥，並炒至熟透。

6. 最後把所有食材放在已經炒熟的洋蔥上，即可上桌。

Tips 1.鐵板牛柳的鍋氣、香氣來自於奶油，食材已有醬油的鹹，建議選擇無鹽奶油。
　　　2.熱炒時，為了要讓每個食材的熟成時間差不多，建議將洋蔥、甜椒、鴻喜菇
　　　　都切成大小、長度、厚度都差不多的條狀。

便當總醣份
27.6g

玉米炒蛋 *8.2g*
P.244

鐵板牛柳 *19.4g*
P.91

Cook more

日式酒香骰子牛

· 準備材料（2人份）　　· 料理方式

牛排200g
鹽巴0.5g
黑胡椒0.5g
日式醬油2.5ml
味醂1ml
威士忌1ml
食用油2.5ml

將退至常溫的牛排用餐巾紙擦乾表面水
分後，兩面都灑上鹽巴和黑胡椒，倒入
食用油鍋中煎至表面上色，接著靜置2分
鐘後切成骰子大小。最後將骰子牛放回
鍋中，倒入日式醬油、味醂和威士忌，
拌炒至喜歡的熟度，灑上蔥花即完成。

1人份量 *104.0g* ｜ **總熱量** *199.7cal* ｜ **醣份** *0.7g* ｜ **膳食纖維** *0.1g* ｜ **蛋白質** *20.8g* ｜ **脂肪** *11.9cal*

熱炒店人氣料理

牛肉便當

酥脆油條炒牛肉

油條炒牛肉
便當

TOOL

油條炒牛肉是熱炒店人氣料理，在製作時利用氣炸鍋烘烤的方式，把油條多餘的油逼出，再拌入炒熟的牛肉，不僅可保留油條的酥脆，更能降低油膩。在最後起鍋前拌入青蔥，牛肉吃起來還會多了蔥油香氣。

1人份量	**總熱量**	**醣份**	膳食纖維	蛋白質	脂肪
81.7g	*315.3cal*	*9.4g*	*0.5g*	*13.9g*	*24.1cal*

準備材料（3人份）

無骨牛小排火鍋肉片200g
油條1條約60g
蔥15g
燒肉醬20ml

料理方式

1. 先將油條切塊、蔥切段備用。

2. 將油條放入氣炸鍋，以溫度**200度烘烤4分鐘**。

3. 取一器皿，加入無骨牛小排火鍋肉片與燒肉醬一起**抓醃約20分鐘**。

4. 在不沾炒鍋中放入已經醃製好的牛肉，並把肉片炒至全熟。

5. 接著放入氣炸過的油條和蔥綠，稍微攪拌就可起鍋上桌。

....

Tips 1. 好市多的燒肉醬已有鹹度，醃製過程中不需要額外加醬油、米酒、香油等調味料。

2. 油條也可以用無調味的三角玉米片、蝦餅等吃起來酥脆的食材取代。

便當總醣份
13.1g

油條炒牛肉 *9.4g*
P.94

日式涼拌水蓮 *3.7g*
P.197

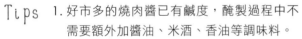

牛肉主食便當 95

牛肉便當

鹽味蔥肉捲

 青蔥肉捲便當

青蔥不論是蔥白或蔥綠都含有豐富的鈣、維生素C、β胡蘿蔔素、膳食纖維等營養素。在製作鹽味蔥肉捲時,千萬不要把蔥綠丟掉,可以一起包在肉捲內,不僅可將營養全部吃進肚子裡,更能吃到不同層次的味道。

微嗆不辣

1人份量	總熱量	醣份	膳食纖維	蛋白質	脂肪
108.9g	232.6cal	1.9g	1.0g	13.6g	18.1cal

準備材料（2人份）

無骨牛小排火鍋肉片150g	鹽巴1.5g
蒜頭10g	米酒1ml
青蔥55g	七味粉（依喜好添加）

料理方式

1. 將青蔥切段,長度略比肉片寬度長;蒜頭切末備用。

2. 取一器皿,加入無骨牛小排火鍋肉片、蒜末、米酒以及鹽巴,一起**抓醃約15分鐘**。

3. 接著將蔥白和蔥綠平舖在肉片上,並把肉片慢慢捲起來。

4. 將蔥肉捲放入氣炸鍋後,不需噴油,以溫度**180度烤4分鐘**,並可依個人喜好撒上七味粉。

2

3

4

....

Tips 在捲蔥肉捲時要盡量捲緊,擺進氣炸鍋時,記得要把蔥肉捲的接縫處朝下放置,這樣可以避免料理過程中肉和蔥分離。

便當總醣份
9.8g

烤甜椒 4.7g
P.204

玉子燒 3.2g
P.234

青蔥肉捲 1.9g
P.96

微辣好開胃

牛肉便當

蘋果泡菜炒牛肉

韓式泡菜牛肉便當

TOOL

如果喜歡韓式泡菜的朋友，絕對不能錯過這道蘋果泡菜炒牛肉，
在辛辣的泡菜中加入兼具低卡、高鉀、高膳食纖維於一身的蘋
果，氣味上除了可以增添果香，更能讓泡菜的辣度略微降低，
非常適合在炎熱夏天時享用。

1人份量	總熱量	醣份	膳食纖維	蛋白質	脂肪
136.8g	224.1cal	4.4g	1.8g	12.5g	16.4cal

準備材料（3人份）

無骨牛小排火鍋肉片200g
泡菜150g
蘋果70g
香油0.5ml

料理方式

1. 先將蘋果去皮切丁（厚度約0.1公分）備用。

2. 在不沾鍋中放入牛小排火鍋肉片，不需放油，炒至
    約八分熟後撈起。

3. 接著將泡菜和蘋果丁一起放入鍋中，炒至泡菜有點
    變軟的程度，撒上香油就可快速上菜。

Tips

1. 蘋果可取代在料理過程中所需要添加的砂糖，如果沒有蘋果也可以用水梨。

2. 因為食材本身已含有豐富的油脂，如果使用不沾鍋無須額外放油或只放一點
   點的油，不沾鍋的導熱均勻，可讓食物透過加熱的過程產生油脂。

3. 如果覺得單吃蘋果泡菜炒牛肉會太辣的話，也可加上蒜片一起包進結球萵苣，
   或者是蘿蔓萵苣一起食用，會更美味唷！

便當總醣份
13.1g

韓式泡菜牛肉 4.4g
P.98

日式涼拌柴魚豆腐 8.7g
P.227

牛肉便當

手打起司漢堡排

起司漢堡排
便當

美味的漢堡排看似做法簡單,但很容易吃起來太乾,或者是調味
過重少了肉的香氣。在選擇製作漢堡肉時,建議放入少許略帶有
油脂的五花肉,以及熱量極低的豆腐,這樣不僅可以增添多汁的
口感,更富飽足感。

彈嫩多汁飽足

1人份量	總熱量	醣份	膳食纖維	蛋白質	脂肪
324.0g	799.4cal	9.1g	2.2g	38.4g	65.9cal

準備材料（3人份）

豬五花肉片300g　　　　起司片1片（裝飾用）
無骨牛小排火鍋肉片300g　無鹽奶油3g
洋蔥30g　　　　　　　　黑胡椒1g
紅蘿蔔20g　　　　　　　鹽巴2g
豆腐300g　　　　　　　　食用油1ml

料理方式

1. 將豬五花肉片、無骨牛小排火鍋肉片剁碎，洋蔥和紅蘿蔔切丁備用。

2. 取一器皿，放入所有食材（起司片和奶油除外）混合攪拌均勻，再稍微摔打肉團，可增加肉的黏性，吃起來也更有彈性。

3. 將漢堡肉捏成圓餅狀後，不需加油，直接放置平底鍋煎熟，最後加入無鹽奶油增加香味。

4. 起鍋後，放上起司片裝飾即完成。

....

Tips　1. 漢堡排的肉要盡量選帶有油脂的部分，豬五花肉片和無骨牛小排火鍋肉片兩者搭配很適合，建議混合的比例為1:1。

　　　2. 判斷漢堡排是否已熟？請勿切開漢堡排，因為這樣會讓肉汁流失，若筷子可刺穿肉的最厚處則已熟透。

　　　3. 在煎漢堡排時，不需要頻繁翻面，請等一面煎出金黃色後再翻面續煎。

便當總醣份 19.7g

日式醃蘿蔔 6.9g
P.212

日式涼拌水蓮 3.7g
P.197

起司漢堡排 9.1g
P.100

雞肉

土雞腿切塊

好市多的土雞腿切塊肉質是整隻雞裡面最滑嫩，口感
非常有彈性，適合雞湯的燉煮、乾煎、或者是燒烤等
料理方式，是好市多一定要買的人氣商品。

台灣土雞骨腿切塊
229元/1kg

好市多販售的土雞腿切塊內有三隻大雞腿，建議在回
家後務必要先確認每一塊雞腿肉都已經切成一塊一
塊，依照食用所需份量分裝，並在保鮮袋上標記食材
名稱、重量、日期，送進冰箱冷凍保存，料理前一晚
移至冷藏自然解凍。

- ・2～3週冷凍保存
- ・自然解凍或冷藏低溫解凍

美味關鍵

1. 在料理土雞腿切塊前，要先把雞腿塊放入冷水中，
   再開中火煮到微滾冒泡，這樣可以較有效的把骨頭
   中的雜質和血水清除。若是改以直接在滾水中川燙
   的話，則會因下鍋時的高溫，導致蛋白質較容易凝
   固，骨頭內的血水也會排不乾淨。

2. 可先將土雞腿切塊用香料和調味料拌勻後，放入冰
   箱冷藏醃製入味，料理時直接香煎或烘烤都很省時
   省力。

去骨雞腿排

好市多的去骨雞腿排因為已經去骨,所以在料理上更加方便,是人氣必買商品。一組去骨雞腿排有6包真空包裝,每包約有2～3塊,重量約430g。去骨雞腿排吃起來軟嫩,適合乾煎、氣炸、熱炒,甚至是滷雞腿排都好吃。

台灣去骨清雞腿肉
189元/1kg

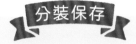

分裝保存

① 分袋保存

建議買回家後,剪開成6小包的真空包裝,不要整組直接放進冷凍庫,因為外包裝難免會有水分殘留,之後從冷凍室取出很容易黏在一起。在小袋上標示重量、日期,要料理時再移至冷藏室低溫解凍,非常方便。

② 適量分裝

可將雞腿排裝進密封袋或保鮮盒,放入料理所需的食材醃製備用,並標記名稱、重量、日期,放入冰箱冷凍保存2～3週、冷藏2～3天。

- 2～3週冷凍保存
- 自然解凍或冷藏低溫解凍

美味關鍵

使用不沾鍋煎雞排時,要先把雞皮朝下且不要急著翻面,等到雞皮這面煎至金黃酥脆狀,可以輕鬆的在鍋內滑動後再翻面煎至全熟。在乾煎的過程中,用炒菜鏟輕壓雞腿排,使其表面受熱均勻,這樣煎出來才會美觀。

雞胸肉

好市多的雞胸肉不僅是高蛋白質、低脂肪，吃起來更是鮮嫩多汁、清爽不甘柴，是許多減脂增肌族群的聖品。平常只要簡單的調味再乾煎、水煮、熱炒或者氣炸，就可以做出媲美舒肥過的雞肉口感。

台灣清雞胸肉
165元/1kg

 分裝保存

好市多的雞胸肉是一組6小包真空包裝，一個真空包裡面大約有2塊厚實的雞胸肉，重量約400g。買回家後，只需要把一包一包的真空包裝剪開，並在袋上標記重量、日期送入冰箱冷凍保存，料理的前一晚再移至冷藏退冰即可。

- 2～3週冷凍保存
- 自然解凍或冷藏低溫解凍

🍴 美味關鍵 🍴

1. 料理前一晚可將雞胸肉和天然的辛香料一起醃製，放進冰箱冷藏，不僅可去腥還能提味。

2. 使用不沾鍋乾煎雞胸肉時，要記得把雞胸肉雙面都煎熟後再放辛香料進行調味。這樣的做法可避免雞胸肉在乾煎時，因加熱時間過久導致乾粉容易變苦、變焦，而搶走雞肉本身的風味。

洋蔥烤雞腿佐番茄

香甜多汁超豐富

1人份量	總熱量	醣份	膳食纖維	蛋白質	脂肪
102.5g	*169.6cal*	*18.5g*	*3.2g*	*14.5g*	*3.0cal*

很多人不敢吃洋蔥，是因為不喜歡生吃的辣辣口感，其實只要煮熟，洋蔥吃起來就會變成甜甜的。洋蔥的膳食纖維豐富、熱量低，又具備抗氧化，是很好的減脂食材。只要在雞腿肉表面灑上鹽巴和現磨黑胡椒粒，最後將所有食材一起放入烤箱，就能簡單做出美味又多汁的洋蔥烤雞腿。

🍃 準備材料（8 人份）

土雞腿切塊450g（1隻）	蒜頭2g
牛番茄120g（2顆）	鹽巴2.5g
玉米筍40g	黑胡椒2.5g
洋蔥200g（1顆）	橄欖油1.5ml
紅蘿蔔（裝飾用）	檸檬適量

🍃 料理方式

1. 先將洋蔥、牛番茄切片（約1公分厚度），玉米筍切段（約2 ～ 3公分長），蒜頭切末。

2. 將步驟1所有的食材，表面抹上一層薄薄的食用油後，平鋪在烤皿的底層。

3. 接著把土雞腿切塊直接放置於上述食材上，再撒入鹽巴和黑胡椒。

4. 將烤皿直接送進烤箱，以上下溫度各230度，烤60分鐘。如果你使用的烤箱沒有上下火的話，也可以直接用溫度230度烤60分鐘。

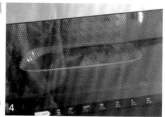

Tips 1. 在製作烤雞料理的時候，可以在底層舖上自己喜歡的蔬菜，因為在烘烤的過程中，烤雞會產生非常多的雞油，會讓蔬菜吃起來多了雞油的香氣，而更加鮮甜美味。

2. 食用前可以擠上新鮮檸檬，雞肉吃起來會甜甜鹹鹹，很清爽。

3. 紅蘿蔔切成想要的形狀，煮熟隨機擺放，增添菜色美觀。

便當總醣份
20.9g

起司蛋捲 2.4g
P.235

洋蔥烤雞腿 18.5g
P.105

Cook more

柚香烤雞腿

· 準備材料（2 人份）

土雞腿切塊450g
蒜頭2g
鹽巴2.5g
黑胡椒2g
清酒2ml
韓味不二柚子茶飲組10ml
食用油1.5ml
水5ml

· 料理方式

先將雞腿排用蒜泥、鹽巴、清酒和黑胡椒混合均勻後，一起放入冰箱冷藏醃製約2小時。在烤盤上舖上烘焙紙，並在醃製過的雞腿表面抹油，放進烤箱以230度烤55分鐘。取出雞腿後，將韓味不二柚子醬加水攪拌均勻塗抹在雞皮上，再送進烤箱以溫度230度烤5～10分鐘，至表皮呈現金黃色澤即可。

1人份量 *237.5g* | **總熱量** *323.4cal* | **醣份** *5.3g* | **膳食纖維** *0.3g* | **蛋白質** *49.0g* | **脂肪** *10.0cal*

油亮清香入味

TOOL

雞肉便當

塔香醬燒雞

傳統的三杯雞是麻油一杯、醬油一杯、米酒一杯,雖然黑麻油的營養
價值很高,對於冬天進補有極大的功效,但其熱量也相當驚人。這次
料理改以醬油、米酒、砂糖,和少許的麻油來做最後的調味,吃起來
不僅熱量低很多,也更加清爽、不油膩。

1人份量	總熱量	醣份	膳食纖維	蛋白質	脂肪
257.0g	436.7cal	5.3g	0.4g	38.5g	27.0cal

準備材料（2人份）

土雞腿切塊450g（1隻）　　砂糖5g
老薑3g　　　　　　　　　　麻油2ml
蒜頭10g　　　　　　　　　　醬油20ml
青蔥10g　　　　　　　　　　米酒10ml
九層塔3g　　　　　　　　　　食用油1ml

料理方式

1. 將薑和蒜頭切片、青蔥切段，並把九層塔的葉子部
   分摘下洗淨晾乾備用。

2. 以不沾鍋乾煎雞腿，料理時可以將雞皮直接朝下，
   不需加油或者只放些許油乾煎。若使用一般炒鍋，
   請在鍋內放入適量的食用油，再進行乾煎雞腿，以
   避免鍋內沾黏。

3. 把雞腿煎至雞皮表面皆呈現金黃色時，直接用雞油
   將薑片、蒜片和青蔥炒至香味出來，接著加入醬
   油、米酒、砂糖，繼續煮至雞腿熟透，醬汁收乾呈
   現黏稠焦香色。

4. 起鍋前，放入九層塔和些許麻油提味即完成。

Tips　麻油是不耐高溫的油，所以使用麻油爆香的話，油質容易變質且變苦，建議使
用耐高溫的食用油爆香薑片，等薑的香氣出來後，再放入麻油煎至薑片呈乾扁
狀，或者也可等到起鍋前再加入麻油。

便當總醣份
15.2g

胡麻醬佐秋葵 4.1g
P.203

醬燒三杯雞 5.3g
P.108

醬燒菇菇 5.8g
P.219

＊食用時再淋上胡麻醬

燉煮剝皮辣椒雞

帶點微微辣度的剝皮辣椒拿來煮湯，或者直接熱炒都很適合。
市售的剝皮辣椒都調味過，本身已有鹹度，可加入富有膳食
纖維、營養豐富的紅蘿蔔一起燉煮，這樣不僅有助於穩定血
糖，更可藉此增添整道料理的甜味。

辣鹹超有味

1人份量	總熱量	醣份	膳食纖維	蛋白質	脂肪
474.0g	352.2cal	5.1g	1.7g	50.1g	9.3cal

準備材料（2人份）

土雞腿切塊450g（1隻）　　　剝皮辣椒醬汁120ml
剝皮辣椒適量　　　　　　　米酒10ml
紅蘿蔔125g　　　　　　　　水240ml
薑3g

料理方式

1. 將薑切片、紅蘿蔔去皮切塊備用。

2. 先把土雞腿塊放入冷水，開中火煮到微滾冒泡後，
   把川燙過後的土雞腿切塊撈起。

3. 取一鑄鐵鍋，放入土雞腿切塊、薑片、剝皮辣椒醬
   汁、紅蘿蔔和米酒，並加入水蓋過食材高度。闔上
   鍋蓋，並在鍋蓋跟鍋緣中間留有約1公分的小縫隙，
   持續用小火悶煮約**15～20分鐘**。

4. 接著將剝皮辣椒放入鍋中，直接蓋上鍋蓋，燉煮約
   5分鐘即完成。

....

Tips　可以將剝皮辣椒分兩次放入，隨著雞肉一起
　　　煮的剝皮辣椒吃起來會比較軟，若喜歡吃較
　　　脆口感，則建議最後再放。

便當總醣份
13.6g

剝皮辣椒雞 *5.1g*
P.110

涼拌蘆筍 *5.3g*

玉子燒 *3.2g*
P.234

黑胡椒蒜香雞胸肉

這道椒鹽雞胸肉的食材與做法非常簡單,只要把醃料和雞胸肉抓醃,就可以送入氣炸鍋氣炸,輕鬆快速上桌,具備低脂肪又有飽足感,是減醣的最佳食材。

1人份量	總熱量	醣份	膳食纖維	蛋白質	脂肪
206.0g	*231.1cal*	*0.7g*	*0.2g*	*45.0g*	*3.8cal*

112

🌱 準備材料（1人份）

雞胸肉200g　　　　　　　米酒1ml

蒜末2g　　　　　　　　　食用油2ml

黑胡椒0.5g

鹽巴0.5g

🌱 料理方式

1. 將黑胡椒、鹽巴、蒜末、米酒，與雞胸肉一起混合
   醃製約30分鐘。

2. 將雞胸肉的表面均勻抹上食用油，接著放入氣炸鍋
   中，以溫度**200度烤10分鐘**進行第一次氣炸。

3. 接著再把雞胸肉翻面，以溫度**200度烤10分鐘**進行
   第二次氣炸。

....

Tips　1. 因為雞胸肉的油脂較少，所以在料理時，建議要在雞胸肉上塗抹或噴上些許
　　　　食用油，避免氣炸後會沾黏炸籃。

　　　2. 因為雞胸肉的脂肪較少，烹煮後很容易變硬及乾柴，可以在醃製時另外加些
　　　　優酪乳、鳳梨泥或檸檬汁這類富有酸味的水果，這樣吃起來會更加的軟嫩。

便當總醣份
11.7g

椒鹽雞胸肉 *0.7g*
P.112

四季豆炒蛋 *4.1g*
P.244

日式醃蘿蔔 *6.9g*
P.212

鹹鹹甜甜好回甘

氣炸烤箱

雞肉便當

氣炸味噌雞腿排

日式味噌
烤雞便當

味噌的香氣濃郁，富含蛋白質和大豆異黃酮，是極具營養的調味食材，
平時拿來煮湯或者做肉類料理都很好吃。味噌料理若要好吃，一定要
加味醂提味，這樣的調味方式除了鹹味，更多回甘的甜味。

1人份量	總熱量	醣份	膳食纖維	蛋白質	脂肪
151.7g	262.5cal	2.1g	0.2g	24.3g	16.4cal

準備材料（3人份）

去骨雞腿排430g（一包約3片）
味噌10g
米酒5ml
日式醬油5ml
味醂5ml

料理方式

1. 取一器皿，放入雞腿排、味噌、米酒、日式醬油、味醂，一起混合**醃製約30分鐘**。

2. 在氣炸烤箱的烤盤舖上一層烘焙紙，將醃製過後的雞腿排放上去（雞皮面朝下，不須抹油），以溫度**200度烘烤10分鐘**進行第一次氣炸。

3. 接著再將雞腿排翻面，以溫度**230度約烤2～4分鐘**進行第二次氣炸。

Tips　1. 在使用氣炸烤箱料理時，建議在烤盤舖上一層烘焙紙，不僅可以避免氣炸過程中的雞肉沾黏在烤盤上，也能達到不抹油就直接氣炸，把雞皮中的精華雞油逼出。

2. 醃製過的雞腿排在送入氣炸烤箱之前，醬料要均勻，這樣在氣炸過程中，避免某個部位因醬料太多，而導致焦黑的情況發生。

便當總醣份
9.9g

椒鹽四季豆 4.4g
P.194

味噌雞腿排 2.1g
P.114

紅蘿蔔蛋捲 3.4g
P.236

檸香日式唐揚

這道經典又簡單的氣炸鍋料理「日式唐揚」，製作重點在於炸雞粉的調配，透過炸粉比例的拿捏，並且搭配富含維生素C和檸檬酸一起食用，在家就可以輕鬆做出清爽、解脂的日式料理。

清爽酥脆解脂

1人份量	總熱量	醣份	膳食纖維	蛋白質	脂肪
180.1g	333.1cal	11.2g	1.0g	27.6g	18.6cal

準備材料（3人份）

去骨雞腿排430g（一包約3片）

雞蛋60g（1顆）

炸雞粉50g

新鮮檸檬適量

食用油1ml

料理方式

1. 將雞蛋、切塊的去骨雞腿排、食用油與炸雞粉一起放入保鮮盒中攪拌均勻，並**醃製約30分鐘**。

2. 把醃製後的雞腿排雞皮面朝下放入氣炸烤箱中，以**溫度180度烤10分鐘**進行第一次氣炸。

3. 接著再將雞腿排翻面，以**溫度200度烤4分鐘**進行第二次氣炸。

4. 食用時，可在日式唐揚擠上新鮮檸檬，增添清爽口感，又能解膩。

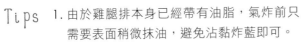

 Tips

1. 由於雞腿排本身已經帶有油脂，氣炸前只需要表面稍微抹油，避免沾黏炸藍即可。

2. 如果是使用氣炸鍋料理檸香日式唐揚，醃製過程中不用再加水，因為醬汁太稀的話，粉漿就不容易包裹在雞肉上。

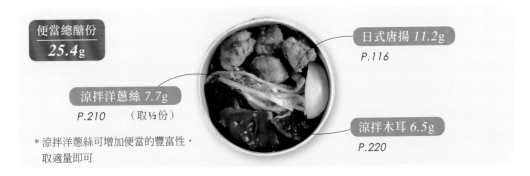

便當總醣份
25.4g

日式唐揚 11.2g
P.116

涼拌洋蔥絲 7.7g
P.210 （取½份）

涼拌木耳 6.5g
P.220

* 涼拌洋蔥絲可增加便當的豐富性，取適量即可

香氣十足好誘人

雞肉便當

嫩煎雞胸肉佐香料

香草雞肉便當

蒙特婁香料主要成分是蒜頭、辣椒和胡椒，吃起來是帶有淡淡的
胡椒香、蒜香，以及微辣的口感，非常適合拿來做肉類料理。

1人份量	**總熱量**	**醣份**	膳食纖維	蛋白質	脂肪
205.0g	*236.8cal*	*1.4g*	*0.0g*	*45.1g*	*4.4cal*

準備材料（1人份）

雞胸肉200g
蒙特婁香料2.5g
橄欖油2.5ml

料理方式

1. 在平底鍋中放入橄欖油，將雞胸肉的一面煎至金黃色後再翻面。

2. 雞胸肉翻面持續煎至八分熟時，撒上蒙特婁粉，再煎至全熟透即可。

Tips

1. 蒙特婁粉本身的風味非常濃郁，且顆粒較大，這類乾粉在乾煎調味時，建議要在雞肉煎熟時再撒，因為乾粉的顆粒較大，太早撒入會導致受熱較不均勻，雞肉會變焦又不容易熟透。

2. 好市多還有販售另外一款雞里肌肉，俗稱雞柳，位於雞胸內側、雞軟骨兩側胸肌的部位，同樣具備了雞胸肉的少脂肪特性，但因為每隻雞只有2條，所以單價會略高一點，口感也更加細緻Q彈。

便當總醣份
12.7g

香草雞肉 1.4g
P.118

金沙豆腐 6.9g
P.224

椒鹽四季豆 4.4g
P.194

雞肉便當

醬燒芝麻雞腿排 照燒雞腿便當

甜甜鹹鹹的照燒醬汁,是老少咸宜的味道。上桌前撒些能降低膽固醇,富含不飽和脂肪酸的白芝麻粒,不僅看起來美觀,更能同時吃到芝麻的香氣。

焦香甜鹹不膩口

1人份量	總熱量	醣份	膳食纖維	蛋白質	脂肪
158.1g	267.7cal	2.9g	0.0g	24.4g	16.3cal

🌱 準備材料（3人份）

去骨雞腿排430g（一包約3片） 　味醂10ml

薑3g　　　　　　　　　　　　日式醬油20ml

芝麻0.25g　　　　　　　　　　米酒10ml

砂糖1g

🌱 料理方式

1. 先將薑切末；取一器皿，加入日式醬油、米酒、味醂和砂糖混合均勻成醬汁備用。

2. 使用不沾鍋料理雞腿排時，可以直接把雞皮朝下乾煎，不放油，或者只需要放一點點油（若是一般炒鍋，請放油後將雞皮朝下再乾煎）。雞腿排乾煎至雞油出來，表面呈現金黃色再翻面。

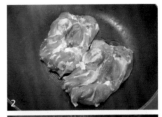

3. 等到雞腿排的兩面都呈現金黃色時，加入薑末、醬汁，繼續煮至湯汁收乾成黏稠焦香狀時，撒上白芝麻就大功告成。

Tips　如果手邊沒有味醂，可以改用砂糖加清酒來取代。味醂和砂糖的比例，大概可以抓3ml:1ml，加上3ml的清酒左右，可以依照個人口味略為調整。

便當總醣份
7.3g

蔥蛋捲 1.8g
P.237

照燒雞腿 2.9g
P.120

香菇炒水蓮 2.6g
P.196

海鮮主食便當

魚肉

金目鱸魚排、
虱目魚肚

好市多金目鱸魚排、虱目魚肚肉質細緻幾乎沒有刺，含有豐富蛋白，香煎或煮魚湯都很美味，適合全家大小一起享用，是相當受歡迎的商品。

冷凍鱸魚片
399元/袋裝

虱目魚肚
529元/1kg

分裝保存

金目鱸魚排包裝內的每一塊魚排都是真空包裝，虱目魚肚一大盒約有4小包分片真空包裝，不需要額外分裝，買回家後可直接放進冰箱冷凍保存，或拆開包裝以小袋或分片冷凍。

- 2 ～ 3週冷凍保存
- 自然解凍或冷藏低溫解凍

美味關鍵

1. 使用烤箱或氣炸鍋料理時，魚皮表面一定要噴油，這樣可以形成一個保護層，魚比較不容易烤焦。

2. 乾煎虱目魚肚時，可用炒菜鍋鏟輕壓，受熱會更加均勻，把魚肚的油脂加速逼出，吃起來會更加酥脆、美味。

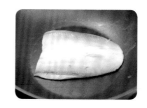

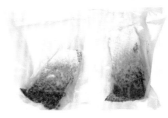

鮭魚

好市多鮭魚吃起來鮮嫩多汁、香氣濃郁，沒有海鮮的腥味，適合煮湯、乾煎等料理，是非常好的蛋白質來源。一大包裝有大約4 ～ 5塊的鮭魚，是最受歡迎的人氣商品。

空運鮭魚切片
479元/1kg

分裝保存

① 分片包裝

買回家後，直接把整塊的鮭魚放進保鮮袋，並在袋上標記名稱、重量、日期，擠出袋內空氣，平放冰箱冷凍保存，料理前一晚移至冷藏低溫解凍。

② 對切開分裝

把整塊鮭魚一分為二從中間骨頭地方切一半，並且順便把中間骨頭和旁邊微小細刺一併剃除，這樣的做法除了可以讓鮭魚外觀看起來完整美觀，也更適合長輩和小孩食用，方便在料理的運用。處理完畢後將鮭魚裝進保鮮袋，並在袋上標記名稱、重量、日期，放進冰箱冷凍保存。

- 2 ～ 3週冷凍保存
- 自然解凍或冷藏低溫解凍

美味關鍵

將鮭魚先用流動水沖洗後，用餐巾紙把表面水分擦乾，並塗抹些許的鹽巴，裝進保鮮袋放置冰箱冷藏醃製至少一天，隔天就可直接取出放入烤箱，可減少料理的時間，也更加入味。

滿滿的QQ膠質

魚肉便當

破布子蒸魚

蒸魚便當

鱸魚的魚皮帶有豐富的膠質，肉質吃起來非常細嫩，含有蛋白質和維生素A、B、D等，特別適合大病初癒或者需要補充體力的朋友食用。如果你不愛煎魚時的油煙味，或是很怕魚下鍋時會大噴油，推薦這道超簡單的電鍋料理法，只要把所有食材一次準備好，放入電鍋按下按鈕，就可以做出超美味的破布子蒸魚。

1人份量	總熱量	醣份	膳食纖維	蛋白質	脂肪
198.5g	240.2cal	18.4g	0.2g	25.0g	7.9cal

♨ 準備材料（1人份）

金目鱸魚排125g　　　　　蒜頭2g

破布子（罐頭） 65g　　　米酒1ml

蔥3g　　　　　　　　　　醬油1ml

辣椒0.5g

薑1g

♨ 料理方式

1. 先將薑切片，蔥、辣椒切段，蒜頭切末備用。

2. 將金目鱸魚排的正反面沾抹米酒，並把蔥段放在魚
   排上方，接著放入薑片、蒜末、辣椒、醬油，並且
   倒入破布子醬汁。

3. 將食材放入電鍋中（並在外鍋加一量米杯的水），
   按下電源蒸10 ～ 15分鐘至魚肉熟透。

....

Tips　1. 在料理過程中，可以透過米酒、蒜頭、薑等食材來達到去除魚肉腥味的效果。

2. 魚片的大小會影響電鍋要蒸的時間，請依據魚肉的厚度調整電鍋蒸煮的時間，
   如果不確定魚肉有沒有熟？可以用筷子插進魚肉最厚的地方，插透就表示已
   經熟了。

3. 破布子罐頭本身有鹹度，所以建議醬油量要斟酌使用。

便當總醣份
31g

氣炸蔬菜 *4.4g*
紅蘿蔔40g、櫛瓜60g
（做法同 P.192 油烤番
茄櫛瓜）

破布子蒸魚 *18.4g*
P.126

玉米炒蛋 *8.2g*
P.244

迷迭香烤鮭魚排

迷迭香吃起來略帶有辛辣感,以及獨特香氣,因為具備良好的抗氧化
效果,可提振精神、增強心肺功能,常被用於海鮮、雞肉、羊排等料
理。只要小小的一株,就可讓食材帶點淡淡的清香且不油膩

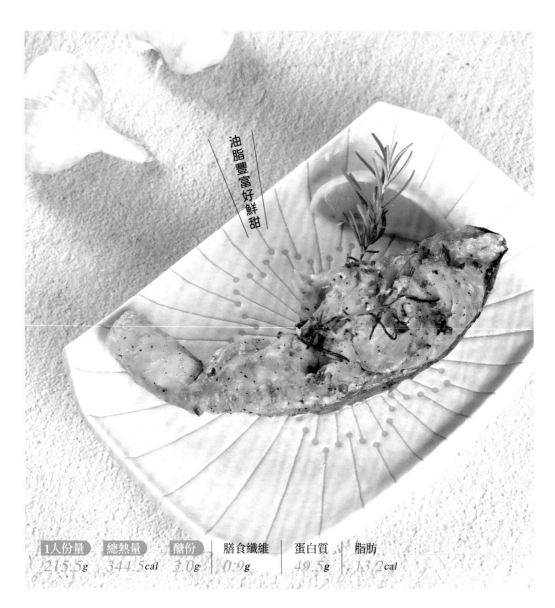

油脂豐富好鮮甜

1人份量	總熱量	醣份	膳食纖維	蛋白質	脂肪
215.5g	344.5cal	3.0g	0.9g	49.5g	13.2cal

✑ 準備材料（1人份）

鮭魚200g   白酒2ml

蒜末10g   食用油1ml

新鮮迷迭香0.5g

鹽巴1g

黑胡椒1g

✑ 料理方式

1. 取一器皿，放入鮭魚和蒜末、鹽巴、黑胡椒、新鮮
   迷迭香，以及米酒混合拌勻後，**醃製約30分鐘**。

2. 把醃製過的鮭魚塗抹上食用油後，放入氣炸鍋中，
   以溫度**180度烤10分鐘**進行第一次氣炸。

3. 魚不用翻面，接著以溫度**200度烤3分鐘**進行第二次
   氣炸，「噹」一聲輕鬆上桌。

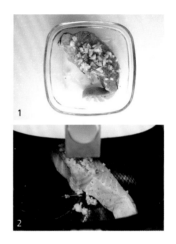

Tips　1. 在使用迷迭香這類香草做料理時，可先用手指腹搓揉迷迭香，這樣的作法更
        能帶出其精油和香氣。

　　　2. 如果想要去除腥味，除了可用米酒浸泡外，也可在魚肉上抹鹽並靜置約5分
        鐘，等到魚肉出水後，用餐巾紙把表面水分擦掉，就能進行食材的調味。

便當總醣份
5.6g

香菇炒水蓮 *2.6g*
P.196

香烤鮭魚 *3.0g*
P.128

鮮嫩多汁有檸檬香

【魚肉便當】

檸香烤鱸魚排

檸檬富含維生素 C、礦物質鉀，適量食用不僅可有效預防心血管疾病，也能控制血壓。香烤檸檬魚的做法非常簡單，只需要事先把魚肉調味好送進烤箱，在烘烤過程完全不需翻面，吃起來鮮嫩多汁，非常推薦給新手煮婦。

1人份量	總熱量	醣份	膳食纖維	蛋白質	脂肪
128.5g	157.0cal	3.4g	0.1g	22.8g	6.5cal

準備材料（1人份）

金目鱸魚排125g
鹽巴0.5g
黑胡椒0.5g
檸檬（切片）0.5g
橄欖油2ml

料理方式

1. 將金目鱸魚排沖洗乾淨後，用廚房紙巾把表面的水分擦乾。

2. 在金目鱸魚排的兩面塗抹上薄薄的一層食用油，並撒入適量的鹽巴、黑胡椒。

3. 接著在魚排上放上檸檬薄片。

4. 將金目鱸魚放在舖有烘焙紙的烤盤上，並送進烤箱，烤溫上下各230度，烘烤20分鐘（如果烤箱沒有上下溫，可直接用230度烤20分鐘）。過程中不需翻面，輕輕鬆鬆就完成一道美味料理。

Tips 在料理烤魚時，建議可在烤盤上舖烘焙紙，可以避免魚肉烤熟後沾黏烤盤而造成魚肉分離。

便當總醣份
7.0g

九層塔蛋捲 1.5g
P.237

檸檬魚 3.4g
P.130

氣炸玉米筍 2.1g
玉米筍 65g（做法同 P.192 油烤番茄櫛瓜）

氣炸鹽漬鮭魚排

 鹽烤鮭魚便當

鮭魚富含OMEGA-3脂肪酸及維生素D，可以提高新陳代謝，以及提供優質的蛋白質來源。鮭魚本身的油脂香氣非常足夠，只要稍微用鹽巴醃製後再烤，就能輕鬆吃到帶有淡淡的鹹香、肉質細緻的鮭魚排。

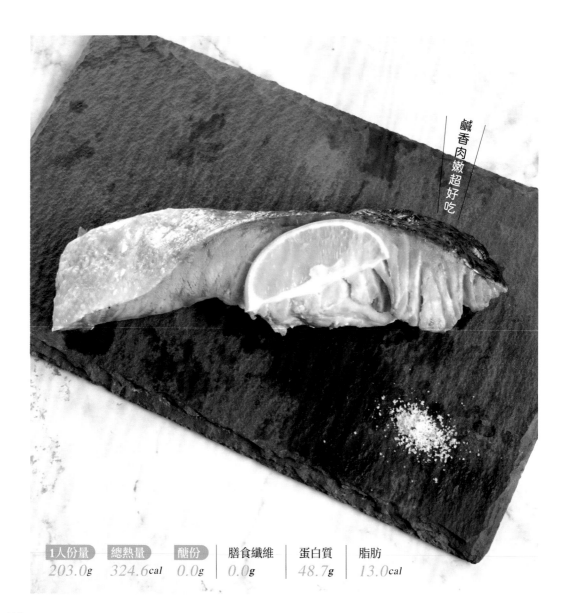

鹹香肉嫩超好吃

1人份量	總熱量	醣份	膳食纖維	蛋白質	脂肪
203.0g	324.6cal	0.0g	0.0g	48.7g	13.0cal

❥ 準備材料（1人份）

鮭魚200g
鹽巴2g
食用油1ml

❥ 料理方式

1. 先將鮭魚沖洗乾淨後，用餐巾紙把表面水分都擦乾，再塗抹鹽巴，放置冰箱冷藏**醃製至少一天**。

2. 將鮭魚從冷藏室取出，退冰至常溫，再用水稍微清洗，並擦拭乾淨。

3. 把鮭魚兩面都均勻抹油放進氣炸鍋，以溫度**180度烤10分鐘**進行第一次氣炸。

4. 魚不用翻面，接著再以溫度**200度烤4分鐘**進行第二次氣炸。

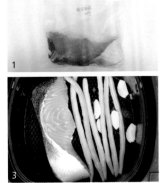

Tips　1. 為了避免鹽漬鮭魚的鹹度太鹹，建議會在料理前用流動水稍微把表面多餘的鹽分沖掉，擦乾後抹油再氣炸。

　　　 2. 在氣炸鮭魚時也可加入喜歡的蔬菜，增加便當的配菜，縮短料理的時間。

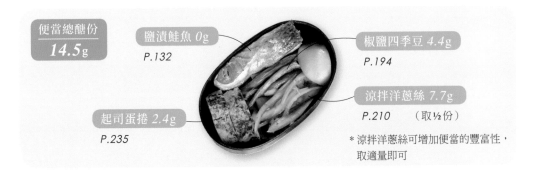

便當總醣份 **14.5g**

鹽漬鮭魚 *0g*
P.132

椒鹽四季豆 *4.4g*
P.194

涼拌洋蔥絲 *7.7g*
P.210　（取½份）

起司蛋捲 *2.4g*
P.235

＊涼拌洋蔥絲可增加便當的豐富性，取適量即可

外酥內嫩多膠質

虱目魚肚便當

香煎虱目魚肚

虱目魚是台灣常見的養殖魚類,不僅容易取得,而且物美價廉、富含蛋白質,再加上本身多油脂,只要放入平底鍋乾煎,完全不需要加油或是鹽巴,就能完成表皮酥脆、肉質鮮嫩好吃的虱目魚肚。

1人份量	總熱量	醣份	膳食纖維	蛋白質	脂肪
105.5g	363.3cal	0.0g	0.0g	18.3g	31.6cal

準備材料（2人份）

虱目魚肚210g
食用油1ml

料理方式

1. 剪開包裝袋，將虱目魚肚沖洗乾淨後，用餐巾紙將其表面的水分擦乾。

2. 使用不沾炒鍋料理虱目魚肚時，魚皮那面先抹上薄薄一層油，或者不用抹油，直接放入鍋內先乾煎魚皮約20秒。若是使用一般的炒鍋，則建議要放油，以避免魚皮沾黏。

3. 接著翻到魚肚那面繼續煎至油脂被逼出來，並呈現焦香金黃色。

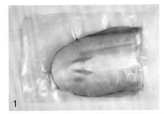

Tips　虱目魚肚本身的油脂非常豐富，在製作這道料理時可選擇使用不沾鍋，因為傳導速度快、且受熱均勻，透過穩定的加熱可將油脂逼出。

便當總醣份
10.3g

日式蒸蛋 6.2g
P.232

胡麻醬佐秋葵 4.1g
P.203

香煎虱目魚肚 0g
P.134

＊食用時再淋上胡麻醬

干貝

好市多的干貝,是可生食等級,以急速冷凍的方式鎖住鮮度和甜味,只要稍微調味就會非常好吃。

北海道干貝
1199元/1kg

建議買回家後,將干貝所需的份量一顆顆的攤平裝進密封袋中,標示重量、日期,並擠出袋內空氣,放入冰箱冷凍保存,這樣可以避免干貝冷凍後黏在一起,料理前一天移至冷藏低溫解凍。

 ▶

- 2 ～ 3週冷凍保存
- 自然解凍或冷藏低溫解凍

美味關鍵

1. 干貝解凍後請先用餐巾紙將表面水分擦乾,不需泡水可保留本身的甜味。

2. 可以在干貝表面刻十字狀花紋後,塗抹一層淡淡的日式醬油,再用噴槍炙燒,這樣的做法可以吃到外皮略帶酥脆、肉質鮮嫩,以及比較完整的海味。

3. 完成以上做法後,可以無調味的海苔包裹干貝直接吃。這種吃法常見於日料餐廳,能同時吃到海苔的酥脆,以及帶有一點醬油香氣,但仍保持干貝的鮮甜,真的非常好吃。

小管

好市多的小管是一盒裝，約有4～6條，蛋白質
非常豐富，直接川燙沾調味料就非常軟Q、鮮甜
好吃。

小管
479元/1kg

分裝保存

買回家後，不需要清洗以及清除內臟，請直接整隻放
進保鮮袋內，以料理所需份量分裝保存，並標示重量、
日期，擠出袋內空氣送進冰箱冷凍保存。

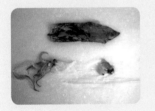

料理前一晚移至冷藏低溫解凍，烹煮前再把小
管的頭足部位切開，取出內臟後再做清洗以及
切塊。

- 2～3週冷凍保存
- 自然解凍或冷藏低溫解凍

美味關鍵

在做三杯或照燒等醬汁料理時，要預先把小管放入
滾水中川燙5秒，這個動作不僅可縮短烹煮時間，保
持Q嫩的口感，也能避免在做醬汁料理時出水，而導
致醬汁味道變淡。

乾煎干貝佐奶油

干貝是高蛋白、低脂肪的食材，在料理方式上不需要太過繁雜，以及
過多的調味。除了炙燒外，乾煎也是最能展現干貝的特性，只要一點
無鹽奶油和檸檬，就能吃出本身的鮮甜。

1人份量	總熱量	醣份	膳食纖維	蛋白質	脂肪
123.0g	89.0cal	2.1g	0.0g	15.2g	2.7cal

138

準備材料（1人份）

新鮮干貝120g
無鹽奶油1.5g
檸檬適量
食用油1ml

料理方式

1. 先以餐巾紙擦乾干貝表面的水分，在鐵鍋中加入些許食用油，接著放入干貝先煎約**2分鐘**，翻面再煎約**2分鐘**。

2. 接著放入無鹽奶油，並將干貝煎至焦黃，翻面再繼續煎，兩面各約煎**1分鐘**。加入奶油不僅增添食用時的香氣，更能讓干貝表面呈現完美的焦糖色。

3. 可利用乾煎干貝過程中流出的湯汁來炒四季豆、玉米筍等蔬菜。

4. 食用前，可磨檸檬皮直接撒在干貝上，不僅可以當作裝飾，更能提味帶出檸檬的香氣。

Tips
1. 冷凍干貝退冰，請勿用水直接沖洗，料理前一晚放置冰箱冷藏退冰。
2. 因為使用的是可生食的干貝，可依照自己喜歡的熟度調整烹調時間。

便當總醣份
11.1g

奶油干貝 *2.1g*
P.138

炒蔬菜 *3.9g*
玉米筍 50g、四季豆 50g

香料烤菇菇 *5.1g*
P.218

小管便當

氣炸小管佐明太子醬

 美味小管便當

小管的營養價值極高，兼備高蛋白以及低脂肪，適合當作減脂食材使用。氣炸明太子小管的作法超級簡單，只要先把明太子醬調配好，抹上小管放入氣炸鍋，就能快速吃到帶有微辣、奶香味的小管料理。

微辣奶香味

1人份量	總熱量	醣份	膳食纖維	蛋白質	脂肪
186.0g	534.4cal	9.8g	0.0g	81.6g	19.5cal

◠ 準備材料（1人份）

小管150g
明太子12g
沙拉醬24g

◠ 料理方式

1. 先把明太子的外膜除去，取一器皿，將明太子和沙拉充分混合並攪拌均勻。

2. 在氣炸鍋內放置烘焙紙，放入處理好的小管，不需噴油，以溫度**160度烤6分鐘**進行第一次氣炸。

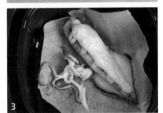

3. 接著在小管的表面塗抹明太子醬，以溫度**200度烤4分鐘**進行第二次氣炸，炸出焦黃色澤。

Tips　1. 在料理小管前，需先用流動水清洗表面後，再以餐巾紙擦乾水分。

　　　2. 因為明太子是用鹽巴、日本酒、辣椒等香料醃製過，本身已具備一定的鹹度，所以在料理時不需要額外再放鹽巴。

便當總醣份
14.6g

明太子小管 9.8g
P.140

溏心蛋 1.1g
P.233

涼拌日式水蓮 3.7g
P.197

甜甜鹹鹹好入味

 中卷便當

日式照燒中卷

 照燒中卷便當

照燒中卷甜甜鹹鹹的味道非常好吃,但在料理前,請務必記得小管要
先川燙再料理,可以避免在烹煮過程中出水,而導致食譜的味道改
變,這樣的作法也能使得照燒醬更加容易收乾、入味。

1人份量	總熱量	醣份	膳食纖維	蛋白質	脂肪
220.5g	533.2cal	12.0g	0.1g	107.4g	6.8cal

準備材料（1人份）

小管200g　　　　　　日式醬油10ml
薑片3g　　　　　　　米酒2.5ml
味醂2.5ml　　　　　　食用油2.5ml

料理方式

1. 先將小管直接從身體的地方切成一小段一小段呈圈圈狀。

2. 放入滾水中川燙5秒後，撈出放置一旁備用。

3. 在不沾炒鍋中倒入適量的食用油和薑片，炒至薑的香味出來

4. 接著加入小管、日式醬油、米酒、味醂拌炒。

5. 等到小管上色並煮至湯汁收乾，呈現黏稠焦香的醬汁即完成。

....

Tips　本料理採用圓圈圈切法，也可以依照個人喜好改成魷魚花切法：要先把小管的身體從中間切開，在內腔部位（肚子內面）下刀，並保持小管與料理刀間呈現45度角的斜切，輕輕切出一條條的條紋，但不能切斷，再把中卷切大塊。

便當總醣份
21.1g

馬茲瑞拉番茄沙拉 *5.4g*
P.208

照燒中卷 *12.0g*
P.142

涼拌日式水蓮 *3.7g*
P.197

Q彈中帶有嚼勁

TOOL

花枝便當

家常芹菜炒花枝

芹菜炒花枝
便當

芹菜是高纖維的蔬菜之一，適量食用對於降血壓和排便都好，其特殊香氣也非常適合搭配海鮮一同料理。芹菜炒花枝這道食譜的重點就是「快炒」，以避免小管炒的過熟，導致口感偏硬，會比較鮮甜和富有彈性。

1人份量	總熱量	醣份	膳食纖維	蛋白質	脂肪
250.0g	525.9cal	10.3g	0.6g	106.7g	6.8cal

準備材料（1人份）

小管200g　　　米酒2.5ml

芹菜40g　　　黑醋1ml

薑3g　　　　　食用油2.5ml

鹽巴1g

料理方式

1. 先將花枝切片、芹菜切段、薑切絲備用。

2. 在不沾炒鍋中放入食用油和薑絲，炒至香味飄出。

3. 接著加入花枝和米酒，持續拌炒約**3分鐘**至花枝呈現八分熟。

4. 最後放入芹菜一起拌炒至花枝熟透，起鍋前加入鹽巴和黑醋調味。

....

Tips　1. 小管本身就帶有鹹味，所以這道料理的鹽巴不需要太多，可依個人的口味調整。

2. 中卷切片不捲：要先把小管的身體從中間切開，在有薄膜那面下刀，小管與料理刀之間呈現45度角的斜切，輕輕切出間距約1公分寬度的條紋後，再把中卷切大塊。

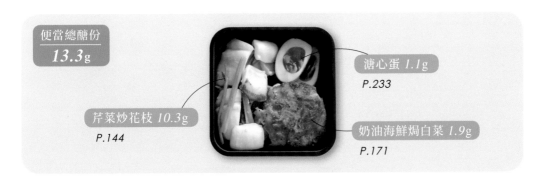

便當總醣份
13.3g

溏心蛋 *1.1g*
P.233

芹菜炒花枝 *10.3g*
P.144

奶油海鮮焗白菜 *1.9g*
P.171

帶頭帶殼生蝦

好市多的帶頭帶殼生蝦是冷凍品,一盒是一斤,差不多是全家大小一餐的份量,方便主婦料理。建議攜帶保冷袋,保持在最佳冷凍狀態。

帶頭帶殼生蝦
389元/盒裝

買回家後拆掉外包裝,整盒放進冰箱冷凍,等到需要料理時,直接用流動水沖洗蝦子,可以輕易地分成一隻一隻就可以料理。冷凍蝦不建議在室溫或冰箱冷藏低溫退冰,蝦子甜味流失反而變得不新鮮,蝦肉吃起來也會軟爛糊糊的。

- 2 ～ 3週冷凍保存
- 直接用流動水解凍

美味關鍵

如何去腸泥?

1. 為了避免蝦子吃起來會有沙沙的口感,可以從蝦背的第二節和第三節的位置,用牙籤往內插入並勾起拉出蝦腸

2. 從蝦頭背部第一節,用剪刀沿著蝦仁背中央向後剪開,剪到蝦尾,再用刀子沿著蝦背劃開至½處,取出蝦腸。

帶尾特大生蝦仁

好市多的帶尾特大生蝦仁是密封夾鏈袋的包裝，每隻
蝦子都已去殼，並且保留蝦尾，料理上真的節省主婦
非常多處理時間。請攜帶保冷袋，購買後直接放入以
確保蝦子的冷凍狀態。

科克蘭帶尾特大生蝦仁
509元/袋裝

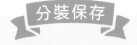

分裝保存

買回家後可直接放進冰箱冷凍，每次料理前只需要依
據料理所需要的份量，用流動水稍微清洗就可以進行
料理，不需要等到完全退冰，以保持蝦子的口感脆度
以及甜味。

- 2 ～ 3週冷凍保存
- 直接用流動水解凍

美味關鍵

1. 如果怕蝦子會有腥味的話，可加入米酒以及些
   許白胡椒粉混合醃製去腥，吃起來更鮮甜。

2. 如何判斷蝦仁是否已經煮熟，通常可以從蝦仁
   捲起來的外觀來判定，假如蝦身捲起呈現完美
   的「C」，代表蝦子的熟度是剛好，吃起來很鮮
   甜；蝦身捲起來呈現「O」，則表示蝦子已經
   煮過頭，吃起來就會乾乾的，沒有甜味。

蝦子便當

氣炸乳酪焗烤蝦

焗烤蝦
便當

蝦子除了有極高的營養價值外,也是具備低脂肪、低熱量、
高蛋白的食材,非常推薦給有減脂需求的朋友。搭配富含
鈣質的焗烤起司,利用氣炸鍋料理,餐廳名菜焗烤蝦美味
上桌。

濃郁奶香四溢

1人份量	總熱量	醣份	膳食纖維	蛋白質	脂肪
151.5g	220.4cal	2.7g	0.2g	34.0g	7.7cal

準備材料（1人份）

帶頭帶殼生蝦120g　　黑胡椒0.25g
焗烤起司條30g　　　　米酒1ml
乾燥羅勒葉0.25g

料理方式

1. 先用剪刀去掉蝦鬚、蝦腳，避免食用時被刺傷，或是影響口感。

2. 蝦背先用剪刀開背後，再用刀子把蝦背的肉割開，取出蝦腸。

3. 將蝦子放在舖有烘焙紙的烤盤上，送進氣炸烤箱，以溫度160度烤3分鐘進行第一次氣炸。

4. 把蝦子取出後，在蝦背塞入起司條，依序撒上乾燥羅勒葉和黑胡椒，以溫度200度烤3分鐘進行第二次氣炸。

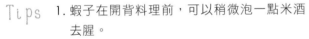

Tips　1. 蝦子在開背料理前，可以稍微泡一點米酒去腥。
　　　2. 如果是市場買回來的活蝦，不需要清洗，直接將蝦子放入保鮮袋，標示購買日期、重量，就可移至冰箱冷凍保存。

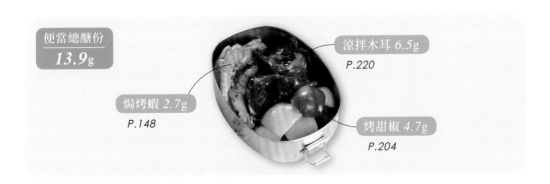

便當總醣份
*13.9*g

涼拌木耳 6.5g
P.220

焗烤蝦 2.7g
P.148

烤甜椒 4.7g
P.204

奶油胡椒蝦

利用兩種不同的胡椒粒製作的胡椒蝦，除了帶有濃郁的胡椒香氣，在口味上更多了層次感，且可在最後起鍋前放入無鹽奶油，讓胡椒蝦吃起來更濕潤、溫順可口，而不會只有胡椒的辛辣。

辣辣的好開胃

1人份量	總熱量	醣份	膳食纖維	蛋白質	脂肪
144.0g	191.9cal	8.4g	2.6g	27.7g	3.6cal

準備材料（1人份）

帶頭帶殼生蝦120g　　　黑胡椒5g
鹽巴1g　　　　　　　　白胡椒5g
蒜片3g　　　　　　　　蠔油5ml
無鹽奶油1g　　　　　　食用油1.5ml
米酒2.5ml

料理方式

1. 先用剪刀去掉蝦鬚、蝦腳，開蝦背取出蝦腸，醬汁在料理過程中容易入味，吃起來會更加美味。

2. 在不沾炒鍋中加入食用油，並將蒜片炒至有香氣後，放入蝦子和米酒拌炒。

3. 蝦子炒至約八分熟時，放入蠔油、白胡椒、黑胡椒、鹽巴，持續拌炒至熟透。

4. 最後加入無鹽奶油融化拌炒即完成。

Tips　1. 炒蝦時請盡量以中火炒，可以避免蝦子因料理太久，肉質變太老。
　　　2. 建議一定要放無鹽奶油，這樣胡椒蝦吃起來的口感會比較濕潤入口。

便當總醣份
14.2g

三色蛋 1.4g
P.230

椒鹽四季豆 4.4g
P.194

胡椒蝦 8.4g
P.150

濃濃蝦味超減脂

 蝦子便當

蒜蓉蒸蝦豆腐

蒜味蝦
便當

豆腐含優質植物蛋白，具備低熱量、低GI的特性，適量食用可達到
很好的減脂效果，更有滿滿的飽足感。這道蒜蓉蒸蝦豆腐的做法很
簡單，只要把醬汁先按照比例調配好放進電鍋，就能輕鬆做出宴客
等級的大菜。

1人份量	總熱量	醣份	膳食纖維	蛋白質	脂肪
220.0g	146.1cal	3.6g	1.4g	21.0g	4.4cal

準備材料（2人份）

帶頭帶殼生蝦120g　　　醬油4ml

豆腐300g　　　　　　　蠔油2ml

蒜頭5g　　　　　　　　米酒2ml

薑2g

青蔥（依喜好添加）

料理方式

1. 先用剪刀去掉蝦鬚、蝦腳，開蝦背取出蝦腸。

2. 將蒜頭、薑磨成泥，加入醬油、蠔油、米酒後混合攪拌均勻。

3. 將豆腐切塊平鋪在碗盤上，把已調配好的醬汁淋在豆腐上，接著放進電鍋蒸，外鍋約放半杯量米杯的水，蒸至電鍋開關鍵跳起。

4. 接著將蝦子放在已蒸熟的豆腐上，外鍋約放半杯量米杯的水，進行第二次蒸煮，約蒸5～10分鐘。起鍋後撒入蔥花，即完成。

Tips
1. 蝦子放進電鍋蒸的時間，可視蝦子大小來決定，約5～10分鐘不等。

2. 由於蝦子很容易熟，所以在製作時，會先將醬汁和豆腐放入電鍋蒸入味，最後才放蝦子，這樣的作法不僅可以保留甜味，蝦肉吃起來也不會過老。

便當總醣份
7.7g

蒜蓉蒸蝦豆腐 3.6g
P.152

胡麻醬佐秋葵 4.1g
P.203

＊食用時再淋上胡麻醬

蝦子便當

元氣滿滿紅棗枸杞蝦

紅棗和枸杞都是非常容易取得的補氣食材，利用這些食材料理，
除了蝦子本身的蝦味，吃起來會更加鮮甜！做法非常簡單，只
要會開瓦斯煮開水就會做，推薦給新手煮婦。

鮮甜紅棗味

1人份量	總熱量	醣份	膳食纖維	蛋白質	脂肪
132.3g	134.1cal	4.0g	0.4g	26.6g	0.9cal

準備材料（1人份）

帶頭帶殼生蝦120g　　　鹽巴1.25g

紅棗5g　　　　　　　　米酒1ml

枸杞5g

料理方式

1. 可依個人習慣，先將蝦頭的鬍鬚剪掉，方便食用。

2. 取一鍋子，在冷水中直接放入紅棗、枸杞和米酒，將水煮沸後放入鹽巴。

3. 接著放入蝦子，等到蝦殼變成紅色即可撈起，過程約需3 ～ 4分鐘。

....

Tips 　1. 視蝦子的大小來決定川燙的時間，燙太久會老。

　2. 由於一般市售的紅棗跟枸杞的農藥殘留較高，以及風乾可能會受到汙染，在使用前務必要先用流動水清洗，並以溫水約35度浸泡至少10分鐘後再使用。

便當總醣份
9.5g

蔥蛋捲 1.8g
P.237

紅棗枸杞蝦 4.0g
P.150

涼拌日式水蓮 3.7g
P.197

脆脆的清爽口感

 蝦子便當

雙筍炒蝦仁

 鮮蔬蝦仁便當

蘆筍富含葉酸、維生素A和食物纖維，有助於改善便秘，再搭配低卡的玉米筍一起快速拌炒，能保持脆脆的口感，不僅配色鮮豔，更有飽足感。

1人份量	總熱量	醣份	膳食纖維	蛋白質	脂肪
171.0g	*85.7cal*	*3.5g*	*2.2g*	*12.3g*	*1.7cal*

帶尾特大生蝦仁160g	鹽巴1.5g
蘆筍100g	黑胡椒2g
玉米筍60g	米酒1ml
蒜頭15g	橄欖油2.5ml

料理方式

1. 先將蘆筍切段、蒜頭切片備用。

2. 在不沾炒鍋中放入橄欖油，並將蒜片炒至有香氣後，放入蘆筍、玉米筍拌炒。

3. 接著放入蝦子和米酒持續炒至熟透。

4. 起鍋前撒入適量的鹽、黑胡椒即完成。

....

Tips 1. 蘆筍遇熱很容易變黃，拌炒時需要透過不斷翻炒，讓橄欖油均勻的裹附在蘆筍上，可保持翠綠色以及口感。

2. 蘆筍的根部比較老，吃起來的口感不好，而且難咀嚼，通常在料理前，先用削皮刀把蘆筍外皮部分稍微削皮，之後再用刀子切除蘆筍的最末端較老的根部，大約要切掉約2公分。

便當總醣份
18.4g

雙筍炒蝦仁 3.5g
P.156

洋蔥蛋捲 14.9g
P.236

鮮甜多汁多香

 蝦子便當

清炒蝦仁佐菇菇

 塔香蝦仁便當

蒜頭所含的蒜素和含硫胺基酸，不僅營養價值高，更能有效降低膽固醇。這道料理的靈魂在於蒜香和胡椒香，並透過快速拌炒，帶出蝦仁與菇菇的鮮甜多汁。

1人份量	總熱量	醣份	膳食纖維	蛋白質	脂肪
184.3g	108.0cal	7.3g	3.2g	10.8g	2.9cal

準備材料（2人份）

帶尾特大生蝦仁120g　　　鹽巴1g

蒜頭30g　　　　　　　　黑胡椒0.5g

九層塔10g　　　　　　　米酒2ml

鴻喜菇100g　　　　　　　橄欖油5ml

雪白菇100g

料理方式

1. 先將鴻喜菇、雪白菇洗淨撥散，蒜頭切片備用。

2. 在不沾炒鍋中放入橄欖油，將蒜片炒出香氣後，倒入菇菇並炒至熟透。

3. 接著放入蝦仁和米酒，拌炒至蝦仁熟透後撒入鹽巴、黑胡椒。

4. 起鍋前撒上九層塔，再稍微拌炒即完成。

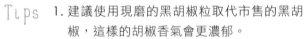

Tips　1. 建議使用現磨的黑胡椒粒取代市售的黑胡椒，這樣的胡椒香氣會更濃郁。

2. 不同的菇類會有不同的香氣、口感以及風味，可選用新鮮香菇、杏鮑菇、蘑菇，都會很好吃！

便當總醣份
12.3g

油拌青花菜 *5.0*g

青花菜 80g，煮好後與適量的鹽巴、黑胡椒，橄欖油 1ml 混合攪拌

塔香蝦仁 *7.3*g

P.158

蝦子便當

氣炸杏仁蝦

 杏仁蝦便當

外酥內嫩杏仁香

1人份量	總熱量	醣份	膳食纖維	蛋白質	脂肪
248.8g	348.3cal	11.3g	2.0g	33.4g	18.6cal

杏仁含有優質的油質，還有豐富的不飽和脂肪酸，適量食用可以長時間保持血糖穩定，並減少因為飢餓而過度進食。這道杏仁蝦看似複雜其實不難，備好料放入氣炸鍋，就能做出美味的氣炸蝦料理。

🍃 準備材料（1人份）

帶尾特大生蝦仁150g	鹽巴1g
雞蛋60g（一顆）	黑胡椒0.25g
杏仁片25g	白胡椒粉0.5g
麵粉10g	米酒1ml
	食用油1ml

🍃 料理方式

1. 用刀子切開蝦背，和米酒、鹽巴、白胡椒粉、黑胡椒攪拌均勻後，**醃製約15分鐘**。

2. 將所有材料備好，取3小碗，分別放入杏仁片、麵粉、蛋液。

3. 先將蝦仁每一面都要均勻地沾裹上麵粉。

4. 接著塗抹上蛋汁。

5. 最後包裹杏仁片。

6. 把沾裹杏仁片的蝦仁表面噴上適量的食用油，再放入氣炸鍋以溫度**200度烤4分鐘**。

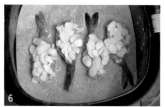

Tips
1. 建議選擇較厚的杏仁片，經過氣炸的杏仁吃起來會較脆、香氣也較足夠。
2. 在清洗蝦仁時，可用鹽巴搓個一兩分鐘後，再用水稍微沖洗，這個動作可以讓蝦子吃起來比較脆。
3. 先將蝦仁開背，比較容易沾裹上杏仁片，也可以順便去除蝦腸。

便當總醣份
21.3g

皮蛋炒地瓜葉 *4.4g*
P.200

醬炒茭白筍 *5.6g*
P.216

杏仁蝦 *11.3g*
P.160

Cook more

檸檬炸蝦佐芝麻醬

· 準備材料（1人份）

帶尾特大生蝦仁150g
雞蛋60g（一顆）
麵包粉10g　　麵粉10g
鹽巴1g　　　黑胡椒0.25g
檸檬適量　　米酒1ml
芝麻醬適量

· 料理方式

將白吐司用烤箱烘烤成酥脆，放入攪拌機打成麵包粉；將蝦仁用鹽巴、米酒、黑胡椒混合醃製至少15分鐘後，依序沾裹上麵粉、蛋液和麵包粉。接著將蝦仁放進氣炸鍋，以溫度200度烤4分鐘，取出後擠上檸檬汁，並可搭配芝麻醬食用。

1人份量 *234.3g* | **總熱量** *240.2cal* | **醣份** *15.7g* | **膳食纖維** *0.6g* | **蛋白質** *28.3g* | **脂肪** *6.3cal*

一
鍋
到
底

有菜有肉營養滿分

豬肉便當

五彩繽紛炒五花

五花肉
什錦便當

沒有太多時間料理時，可以嘗試著把肉、各色蔬菜通通放在一起煮，利用簡單的調味、大火快炒，這樣不僅省時、省力，同時也能兼具配色，美味與營養均衡。

1人份量	總熱量	醣份	膳食纖維	蛋白質	脂肪
222.0g	*446.3cal*	*6.8g*	*3.7g*	*17.2g*	*37.2cal*

準備材料（1人份）

五花肉片100g　　　　鹽巴0.5g

甜椒60g　　　　　　黑胡椒0.5g

玉米筍45g　　　　　米酒1ml

蒜頭15g

料理方式

1. 將蒜頭切片，甜椒、玉米筍切長條狀備用。

2. 在平底鍋中放入五花肉片，不需放油，利用肉本身的油脂炒至金黃色，約七分熟。

3. 接著直接把蒜片放入鍋內，與五花肉片一起拌炒。

4. 將甜椒、玉米筍和米酒一起放入鍋中炒至熟透後，加入適量的鹽巴、黑胡椒調味。

....

Tips　五花肉的油花比一般豬肉更加豐富，所以料理時，若是使用不沾鍋的話，可以不放油，或者是少量的油拌炒，利用五花肉本身豐富的油脂來炒蔬菜，也會非常好吃入味。

便當總醣份
6.8g

3種食材

中小火
快炒

-10分-

甜甜鹹鹹小孩超愛

牛肉便當

日式壽喜燒

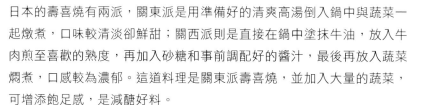
壽喜燒
便當

日本的壽喜燒有兩派,關東派是用準備好的清爽高湯倒入鍋中與蔬菜一起燉煮,口味較清淡卻鮮甜;關西派則是直接在鍋中塗抹牛油,放入牛肉煎至喜歡的熟度,再加入砂糖和事前調配好的醬汁,最後再放入蔬菜燜煮,口感較為濃郁。這道料理是關東派壽喜燒,並加入大量的蔬菜,可增添飽足感,是減醣好料。

1人份量	總熱量	醣份	膳食纖維	蛋白質	脂肪
151.8g	*232.6cal*	*27.7g*	*4.6g*	*9.0g*	*7.8cal*

準備材料（10人份）

無骨牛小排火鍋肉片300g　　青蔥15g

高麗菜130g　　　　　　　　昆布5g

紅蘿蔔100g　　　　　　　　日式醬油90ml

金針菇200g　　　　　　　　味醂45ml

蒟蒻條43g　　　　　　　　　清酒45ml

木耳55g　　　　　　　　　　水240ml（泡昆布用的水）

洋蔥250g

料理方式

1. 將昆布泡冷開水30分鐘，製作昆布高湯。

2. 將高麗菜切適當大小、洋蔥切絲、蔥切段、紅蘿蔔切塊備用。

3. 將洋蔥絲、蔥段、昆布、紅蘿蔔、日式醬油、味醂、清酒和昆布高湯，倒入鍋中用小火燉煮約**15分鐘**。

4. 接著將無骨牛小排火鍋肉片、金針菇、蒟蒻條、木耳、高麗菜放入鍋中用小火煮至熟透即完成。

Tips　1. 乾昆布使用前只需要稍微用流動水沖洗表面，把多餘鹽分洗掉，無須刷洗。

2. 喜歡吃辣的朋友，食用時可在沾醬蛋汁中撒入適量的七味粉提味。

便當總醣份
27.7g

8種食材

小火燉煮

-15分-

蔬菜燉牛肉

紅燒牛肉便當

不用滷包也很美味

1人份量	總熱量	醣份	膳食纖維	蛋白質	脂肪
337.5g	320.5cal	24.8g	4.5g	24.3g	12.0cal

這道紅燒牛肉有別於傳統的做法，完全沒有使用豆瓣醬以及中藥包，而是以大量的洋蔥、番茄、紅蘿蔔、白蘿蔔和牛肉一起燉煮，吃起來不會過鹹，卻能吃到更多的蔬菜甜味以及飽足感。

🍃 準備材料（10人份）

嫩肩里肌肉1kg	薑3g
洋蔥200g（1顆）	辣椒3g
牛番茄180g（3顆）	八角0.5g（1顆）
紅蘿蔔220g	醬油90ml
白蘿蔔860g	蠔油45ml
蒜頭100g	米酒45ml
蔥28g	水600ml

🍃 料理方式

1. 將洋蔥、番茄、紅蘿蔔、白蘿蔔切塊，蒜頭、薑切片，辣椒去籽備用。

2. 嫩肩里肌肉不用修清，直接切塊後用滾水川燙至表面無血色。

3. 取一鑄鐵鍋，依序把川燙後的牛肉和備好的洋蔥、番茄、紅蘿蔔、白蘿蔔、蒜頭、薑、辣椒放入鍋中。

4. 接著倒入醬油、蠔油、米酒、八角、水，最後放上整根蔥。

5. 蓋上鍋蓋，並在鍋蓋和鍋緣之間留下約1公分的小縫隙，以免湯汁在加熱過程中，噴出鍋外，小火燉**約50分鐘**。熄火後，持續悶**20分鐘**。

3

4

5

Tips
1. 因為燉煮需要較長的時間，所以裡面用到的紅白蘿蔔、洋蔥、牛番茄都可以切大塊，不僅不用花太多時間切菜備料，食材也比較耐煮。

2. 紅燒牛肉要好吃，就是所有的材料放好後，一次加滿水，中間過程不可再額外加水。

3. 如果家中沒有鑄鐵鍋的話，也可以使用砂鍋燉煮，時間和步驟一樣。

便當總醣份
28.5g

蔬菜燉牛肉24.8g
P.168

涼拌日式水蓮 *3.7g*
P.197

5種食材　小火燉煮　-50分-

奶油海鮮焗白菜

奶油海鮮
便當

有奶香、有鮮味

1人份量	總熱量	醣份	膳食纖維	蛋白質	脂肪
173.9g	124.7cal	1.9g	1.1g	17.0g	4.8cal

一般的焗烤海鮮會使用白醬，由於白醬的主要成分是
麵粉、奶油和牛奶，所以除了熱量稍高，吃多也容易
膩口。這道料理主要是利用辛香料中的蒜頭和黑胡
椒，與一點點無鹽奶油調味，來提升海鮮的鮮甜，以
及白菜的清爽滋味。

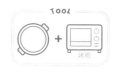

🐚 準備材料（4人份）

帶尾特大生蝦仁100g	蒜頭10g
干貝60g	黑胡椒0.5g
鮭魚160g	無鹽奶油5g
白菜300g	白酒10ml
乾酪絲20g	水30ml

🐚 料理方式

1. 將蝦仁沖洗、鮭魚切塊，放入不沾炒鍋中，不須放油，加入白酒翻炒至表面上色後，
   取出放置一旁備用。

2. 將蒜頭切片、白菜切塊，先把蒜片炒至香氣飄出，接著放入白菜、水炒至熟透。

*如果是使用一般炒鍋，步驟1請先放1ml的食用油，再來乾煎鮭魚和蝦仁。

3. 完成後把所有食材組裝並放入烤皿，白菜、蝦仁、鮭魚、生干貝（橫切片）、奶油、乾酪絲依序堆疊。

4. 最後撒上黑胡椒粉，送進烤箱以**溫度230度烤約15分鐘**。

Tips 1. 由於干貝、蝦仁、鮭魚和乾酪絲已有一定的鹹度，建議焗烤完後，依照個人口味決定是否要加鹽。

2. 因為還要進烤箱焗烤，所以在炒鮭魚、蝦仁時，只需要炒到表面上色即可，干貝是可生食，不需先炒過，進烤箱前再舖上。

便當總醣份
1.9g

5種食材　　230度烘烤　　15分

清炒茄香海鮮

酸甜好鮮味

1人份量	總熱量	醣份	膳食纖維	蛋白質	脂肪
168.5g	250.1cal	28.5g	5.0g	21.0g	3.8cal

大家所熟知的牛番茄，除了富含茄紅素、維生素 C 外，更有豐富的膳食纖維，其酸甜的滋味更適合與海鮮一起料理。這道清炒番茄海鮮是一鍋到底的經典料理，運用新鮮的番茄取代市售的番茄糊，並搭配白酒和海鮮，呈現酸甜酸甜的好滋味。

🍃 準備材料（5 人份）

帶尾特大生蝦仁150g	洋蔥170g
花枝30g	蒜頭10g
鮭魚210g	黑胡椒0.5g
番茄180g	白酒45ml
豌豆45g	食用油2ml

🍃 料理方式

1. 先將蒜頭切碎、洋蔥切絲、番茄帶皮切塊、豌豆去頭尾；鮭魚、花枝切塊備用。

2. 在鑄鐵鍋裡放入些許的食用油，將蒜頭、洋蔥倒入爆香，並加進番茄燉煮至變成番茄糊的狀態。

3. 接著將蝦仁、鮭魚、花枝，以及白酒放入鑄鐵鍋內拌炒至七分熟。

4. 最後把豌豆放入鍋內煮至熟透，撒入適量的黑胡椒即完成。

Tips
1. 在燉煮番茄料理時，選擇顏色最鮮艷、肉質厚且耐煮的牛番茄，因為番茄味較淡，能提味又不會搶走海鮮的風味。

2. 海鮮已有鹹度，建議可以依照個人口味決定是否要加鹽。

便當總醣份
*28.5*g

 5種食材

 小火燉煮

 -15分-

Cook more

辣炒小管

· 準備材料（1人份）

小管200g	玉米筍45g
蒜頭10g	辣椒0.5g
九層塔3g	鹽巴1g
黑胡椒1g	食用油2.5ml
水10ml	

· 料理方式

把切塊的小管，放入滾水中川燙5秒後，撈出放置一旁備用。接著在不沾炒鍋中倒入適量的食用油、蒜末和辣椒，炒至香味出來，再放入切斜塊的玉米筍和水。把玉米筍炒至熟透，再放入已川燙過的小管拌炒，便可撒入黑胡椒、鹽巴、九層塔。

1人份量 *273.0*g｜總熱量 *546.0*cal｜醣份 *13.6*g｜膳食纖維 *2.0*g｜蛋白質 *108.3*g｜脂肪 *7.0*cal

芋燒小排佐竹筍

芋頭排骨
便當

滿滿芋頭香

1人份量	總熱量	醣份	膳食纖維	蛋白質	脂肪
214.5g	365.6cal	24.5g	2.8g	18.6g	18.9cal

芋頭不僅富含蛋白質和膳食纖維，其口感綿密細緻，並帶有濃郁香氣，是一種適合取代米飯的根莖類食材，再搭配竹筍的低卡高纖，以及蛋白質豐富的豬腹協排切塊，有滷肉的鹹香、芋頭香，以及竹筍的爽脆口感，非常有飽足感。

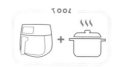

🍂 準備材料（8人份）

豬腹協排切塊600g	砂糖5g
芋頭300g	白胡椒1.5g
竹筍300g	米酒45ml
紅蘿蔔200g	醬油45ml
薑3g	香油5ml
蒜頭30g	食用油1.5ml
青蔥30g	水150ml

🍂 料理方式

1. 將芋頭、竹筍、紅蘿蔔切塊，薑切片、蒜頭切末、蔥切段備用。

2. 將芋頭的每面均勻地塗抹上一層薄薄的食用油，放入氣炸鍋以溫度**200度烤5分鐘**。

3. 將豬腹協排切塊放入鍋中，不須放油，加入砂糖，煎至表面無血色，但有焦糖色。

4. 放入蒜頭、薑片、整根的蔥、紅蘿蔔、芋頭、竹筍、醬油、米酒、香油、白胡椒粉、水，蓋上鍋蓋，用小火燉煮**約30分鐘**即完成。

....

Tips　1. 為了避免在削芋頭時手部會發癢，建議可以戴手套，或者是先把芋頭皮削好，再清洗芋頭。

2. 如果覺得切芋頭很麻煩的的話，也可以買好市多販售的產銷履歷鮮切芋頭，一包裡面有兩袋密封好的芋頭切塊，買回家後可直接放冰箱冷凍保存。

便當總醣份
24.5g

4種食材

小火燉煮

-30分-

Cook more

吮指小排

· 準備材料（3人份）

豬腹協排切塊300g
蒜頭10g
Mccormick加州風味蒜味胡椒
3.5g
醬油2.5ml
米酒1ml

· 料理方式

先將豬腹協排切塊用蒜頭、米酒、醬油以及加州風味蒜味胡椒混合後，放入冰箱冷藏醃漬一天入味。第二天把醃漬好的豬腹協排切塊放入電鍋中，並以外鍋半杯的量米水蒸熟。再將蒸熟的豬腹協排切塊表面補灑適量的加州風味蒜味胡椒後放置烤箱，以溫度230度烤25分鐘，主要就是要把表面烤的乾乾即完成。

1人份量 *105.7g* ｜ 總熱量 *272.2cal* ｜ 醣份 *0.9g* ｜ 膳食纖維 *0.1g* ｜ 蛋白質 *19.0g* ｜ 脂肪 *20.7cal*

可樂滷五花

不油不膩好豐富

1人份量	總熱量	醣份	膳食纖維	蛋白質	脂肪
428.8g	850.4cal	21.6g	1.7g	39.8g	65.6cal

如果說滷肉只有吃肉就太單調了，這道可樂滷肉放了營養
價值極高的海帶、雞蛋和豆干，只要把所有材料一次放入
鍋中，然後打開瓦斯爐煮沸便完成，除了有肉香外，更增
添食材的豐富性。

🌿 準備材料（4人份）

豬五花肉600g	蔥15g
水煮蛋360g（6顆）	米酒10ml
豆干120g	醬油40ml
海帶30g	可樂500ml
蒜頭40g	

🌿 料理方式

1. 先將豬五花肉切塊、蒜頭切末、蔥切絲備用。

2. 雞蛋外殼稍微沖洗，在電鍋內放置兩張餐巾紙，並且倒入一杯量米杯的水，再蓋上鍋
   蓋，按下開關鍵，等待跳起即完成。把剛煮好的雞蛋放入冰水中，就可以進行剝殼，
   蛋殼剝好備用。

3. 把五花肉直接放入鑄鐵鍋內，不須放油，煎到表面無血色。

4. 接著放入豆干、米酒、醬油、可樂、蒜頭、青蔥、水煮蛋，蓋上鍋蓋，並與鍋緣留約1公分的寬度，用小火燉煮約40分鐘，最後撒入蔥絲裝飾。

5. 可用滷汁來滷海帶，只要將海帶放入滷汁中，用小火煮約15分鐘，煮至軟化入味。

便當總醣份
27.2g

4種食材　小火燉煮　-40分-

滷肉 *21.6g*
P.180

涼拌四季豆 *5.6g*
P.195

Cook more

氣炸紅糟豬五花

· 準備材料（3人份）

五花肉300g
蒜頭5g
白胡椒0.5g
紅糟醬15g
鹽巴1g
薑1g
砂糖5g
樹薯粉0.25g
米酒1ml

· 料理方式

五花肉用紅糟醬、砂糖、鹽巴、白胡椒、蒜泥、薑泥以及米酒混合均勻塗抹後，放入冰箱醃製2個晚上。接著將五花肉取出，在正反面均勻沾裹樹薯粉後靜置約5分鐘等待反潮。把裹好樹薯粉的五花肉放入氣炸鍋，以溫度180度烤5分鐘進行第一次氣炸，之後翻面，以溫度200度烤5分鐘進行第二次氣炸便完成。

1人份量 *109.6g* | 總熱量 *411.1cal* | 醣份 *3.9g* | 膳食纖維 *0.2g* | 蛋白質 *14.9g* | 脂肪 *36.7cal*

雞肉便當

醬燒花雕雞

花雕雞便當

酒香撲鼻好清甜

1人份量	總熱量	醣份	膳食纖維	蛋白質	脂肪
265.0g	327.2cal	27.8g	4.3g	20.0g	12.5cal

醬汁濃郁的花雕雞做法很簡單，先把去骨雞腿排煮熟後，再加入大量的蔬菜，除了可以讓菜色更加鮮艷美味，還能增添飽足感，燉煮出來的味道非常清甜、不油膩。

🌿 準備材料（4人份）

去骨雞腿排430g（一包2片）　　蒟蒻條110g
玉米筍70g　　　　　　　　　　花雕酒30ml
青花菜120g　　　　　　　　　　蠔油15ml
芹菜10g　　　　　　　　　　　　醬油30ml
甜椒125g　　　　　　　　　　　水120ml

🌿 料理方式

1. 將雞腿排切塊，芹菜、甜椒、玉米筍、青花菜切適當大小備用。

2. 將雞肉直接放入鑄鐵鍋中，雞皮朝下，不須放油，煎至表面沒有血色。如果是使用一般鐵鍋，可以放些許食用油，再來乾煎雞腿排。

3. 依序倒入花雕酒、醬油、蠔油、水，蓋上鍋蓋用小火燉煮約15分鐘，醬汁會自然呈現黏稠狀。

4. 接著倒入玉米筍、青花菜、甜椒、蒟蒻條煮至熟透，最後再放芹菜就大功告成。

Tips　1. 這道料理芹菜的香氣與花雕酒非常搭，不可缺少，其他蔬菜可以依照個人喜好調整。
　　　2. 可把主食材換成豬腹協排切塊，料理時間、調味及烹飪步驟皆相同。

便當總醣份
27.8g

 6種食材　 小火燉煮　 15分

Cook more

香煎迷迭香雞腿排

· 準備材料（2人份）

去骨雞腿排430g（一包2片）
蒜頭3g
鹽巴1g
黑胡椒1g
新鮮迷迭香一小株
白酒2ml
食用油1ml

· 料理方式

將雞腿排用蒜頭、鹽巴、黑胡椒、新鮮迷迭香（需先用手把迷迭香稍微搓揉出有香氣）、白酒一起拌勻後，放入冰箱冷藏醃製約2小時。將醃製好的雞腿排雞皮抹油後，並朝下放入鑄鐵烤盤中煎至雞油出來、雞皮呈現金黃酥酥的感覺，就可以翻面煎至全熟。

1人份量 219.3g｜總熱量 381.7cal｜醣份 0.7g｜膳食纖維 0.3g｜蛋白質 35.8g｜脂肪 24.9cal

蔬菜料理

好市多的蔬菜、水果、菇類眾多，價格與品質不太會受到氣候因素而有大幅度的改變，在這都能以較划算的價格購入高品質、符合產銷履歷的食材。

青花菜

好市多的青花菜，每棵球形完整緊密，且沒有枯萎變黃。在清洗青花菜時，可切成一塊塊，再用流動水浸泡約5～10分鐘。清洗乾淨後，可切除部分根部約0.5公分，並用削皮刀削除根部的表皮。如果擔心一次吃不完，可以先將青花菜用滾水燙熟，撈起放入冷水中冷卻，瀝乾水分後放入密封袋，送進冰箱冷藏可保存1週。

119元/盒裝

紅蘿蔔

好市多的紅蘿蔔，每根都是色澤飽滿的橘色，富含「胡蘿蔔素」，且表皮光滑沒有凹洞、無鬚根無發芽，品質非常好。買回家後，可用紙或餐巾紙一根根的包裹起來再放入塑膠袋，送至冰箱冷藏約可保存1～2週。

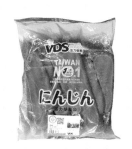

99元/袋裝

白蘿蔔

好市多的白蘿蔔是常態性商品，但偶爾會因為季節性，而有日本大根和本產的白蘿蔔兩種交替出現。這兩款白蘿蔔都很好吃，適合拿來煮湯或者是涼拌。如果一次無法用完，可以用紙把整個白蘿蔔包裹住再放入塑膠袋，送進冰箱冷藏約可保存1週。

75元/袋裝

彩色甜椒

好市多的甜椒，外觀光滑飽滿，富含維他命C和β
胡蘿蔔素。一包有六顆，買回家後先用餐巾紙把
表面的水氣擦乾，再放入塑膠袋綁緊，送入冰箱
冷藏約可保存1～2週。

209元/袋裝

黃檸檬

好市多的黃檸檬，有別於綠檸檬的酸韻，味道較
溫和，檸檬香氣四溢，非常適合烘烤的料理。如
果擔心一大袋無法用完的話，可以放入塑膠袋密
封，送進冰箱冷藏約可保存3週。

269元/袋裝

櫛瓜

好市多的櫛瓜，表皮光滑，品質好，又是低卡、
低GI食材，是人氣商品。在保存上，請用保鮮膜
一根根包裹好放入密封袋中，送入冰箱冷藏約可
保存1～2週。

155元/盒裝

水蓮

好市多的水蓮根根飽滿、吃起來爽脆可口。買回
家後，僅需要整包放入冰箱冷藏約可保存3～5天。

89元/袋裝

牛番茄

好市多的牛番茄,屬於已成熟的番茄,每顆大小均勻,飽滿沒有凹洞,不僅品質好,價格也非常實惠。如果沒辦法一次料理完,可以把牛番茄整顆放入塑膠袋或密封袋,送進冰箱冷藏約可保存3天。

109元/盒裝

好菇道

好市多的菇類整顆肥厚飽滿,以價格來說,比一般超市划算很多。買回家後,直接整包放入冰箱冷藏約可保存5天。

179元/盒裝

四季豆

好市多的四季豆根根飽滿,而且沒有咖啡色斑點,非常新鮮。買回家後,可以放入塑膠袋或密封袋中,送入冰箱冷藏約能保存5～7天。

199元/盒裝

蒜頭

好市多所販售的蒜頭,有分成已剝皮的單顆蒜頭,以及未剝皮的整個大蒜。我比較推薦這款未剝皮且蒂頭完整的大蒜,因為只要整袋放在室內通風、乾燥、陰涼的地方,保存期限最長可達6個月。

185元/袋裝

生蔥

好市多的生蔥是去頭去尾清洗乾淨的，料理前僅需用流動水稍微沖洗就可料理，非常方便。因為好市多販售的生蔥是一大包，建議可以用餐巾紙或是紙，分裝包裹後再放入密封袋裡，送進冰箱冷藏約可保存1週。

155元/袋裝

洋蔥

好市多的洋蔥，一袋約有10顆，每顆大小都差不多。買回家後，只要將整袋洋蔥放置於室內通風、乾燥的地方，就可以保存約1個月。

139元/袋裝

蘋果

蘋果也可入菜料理。好市多的蘋果是常態性商品，約有2～3款的品種可選，每款吃起來口感很脆，且甘甜、不酸！因為蘋果具備催熟作用的特性，因此保存上不可與其他蔬菜水果放在一起，僅需把蘋果單獨放入塑膠袋內，送進冰箱冷藏約可保存2～3週。

314元/盒裝

清甜好口感

油烤番茄櫛瓜

櫛瓜具有低卡、低GI的特性,非常適合做為減醣食材,一般較常見於西式料理上。櫛瓜和番茄的水分很多,只要簡單調味,再送進氣炸鍋,就可同時吃出兩種蔬菜的鮮甜。

1人份量	總熱量	醣份	膳食纖維	蛋白質	脂肪
244.0g	62.4cal	5.2g	2.4g	3.1g	2.8cal

準備材料（1人份）

櫛瓜180g   鹽巴1g
番茄60g   橄欖油2.5ml
黑胡椒0.5g

料理方式

1. 把清洗乾淨的櫛瓜、番茄切成薄片（約0.3公分）。

2. 將切好的櫛瓜、番茄放入保鮮盒，加入橄欖油和黑
   胡椒，蓋上盒蓋上下晃動，讓食材充分包裹醬料。

3. 接著將食材放入氣炸鍋排好，以溫度**200度烤4分
   鐘**，最後再撒入鹽巴。

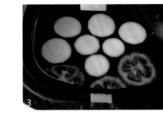

....

Tips   1. 由於櫛瓜富含β胡蘿蔔素，在烹飪的時候
           需要多加一點橄欖油，便於營養素的吸收。

        2. 新鮮的櫛瓜吃起來是清甜爽口，略帶有一
           點點的脆度，如果吃起來是苦的，則表示
           櫛瓜內的葫蘆素增加，有可能會引發腹瀉
           等現象，則不建議食用。

Cook more

涼拌櫛瓜麵

冷便當 OK

· 準備材料（1人份）   · 料理方式

櫛瓜180g   雞胸肉清洗乾淨後，用餐巾紙擦乾，
雞胸肉100g   表面塗抹適量鹽巴後，放入電鍋蒸
鹽巴2g   熟。接著將雞胸肉撥成雞絲，把洗乾
黑胡椒粉適量   淨的櫛瓜刨成細絲，並用熱水煮熟。
檸檬適量   把雞肉絲、櫛瓜細絲和橄欖油、黑胡
橄欖油2.5ml   椒粉、鹽巴攪拌均勻，擠上新鮮檸檬
                         汁，即完成。

1人份量 *325.5g* | **總熱量** *189.2cal* | **醣份** *7.3g* | **膳食纖維** *3.4g* | **蛋白質** *27.4g* | **脂肪** *4.1cal*

脆脆好爽口

椒鹽四季豆

四季豆在台灣是一年四季都買得到的食材，由於取得方便，加上具備高含量的纖維質，能消水腫，受到許多人喜愛。四季豆的料理方式很簡單，可以涼拌、熱炒、烘烤都好吃

1人份量	總熱量	醣份	膳食纖維	蛋白質	脂肪
110.0g	40.5cal	4.4g	1.6g	1.6g	1.4cal

準備材料（2人份）

四季豆200g
蒜頭15g
椒鹽粉2.5g
橄欖油2.5ml

料理方式

1. 將四季豆和蒜頭沖洗乾淨後，用餐巾紙擦乾食材表面水分。

2. 接著將四季豆切段、蒜頭切片，淋上些許橄欖油。

3. 將食材放入氣炸鍋，以溫度**200度烤4分鐘**，最後灑上椒鹽粉。

Tips　因為四季豆帶有「皂素」，所以在料理的時候，一定要確定煮熟。若是「皂素」沒有充分煮熟被破壞，則容易刺激腸胃，拉肚子。

Cook more

涼拌四季豆

冷便當
OK

· 準備材料（2人份）

四季豆200g
蒜末10g
鹽巴2g（調味用）
香油1.5ml

· 料理方式

在滾水中放入適量鹽巴後，將四季豆倒入滾水中川燙約5分鐘，確認煮熟透撈起。接著把四季豆放入冰水中降溫，瀝乾後，撒入鹽巴、蒜末、以及香油，可以放置冰箱冷藏一天再食用。

*蔬菜可換成青花菜、蘆筍等，作法相同。

1人份量 *106.8g* ｜總熱量 *46.8cal* ｜醣份 *5.6g* ｜膳食纖維 *2.7g* ｜蛋白質 *2.2g* ｜脂肪 *1.0cal*

香脆口口

綠色蔬菜

香菇炒水蓮

水蓮富含膳食纖維且熱量極低,只要用水沖洗乾淨後,簡單的熱炒,
或是直接川燙煮火鍋都非常好吃,非常推薦給正在減重的朋友。

1人份量	總熱量	醣份	膳食纖維	蛋白質	脂肪
148.8g	41.4cal	2.6g	3.0g	2.1g	1.5cal

準備材料（2人份）

水蓮160g
香菇80g
薑3g
鹽巴1g

米酒1ml
橄欖油2.5ml
水50ml（泡香菇用水）

料理方式

1. 將乾香菇沖洗乾淨，放在可飲用的冷水中泡開後切適當大小；水蓮切段、薑切絲備用。

2. 在不沾平底鍋中放入食用油、薑絲和香菇，並炒出香氣。

3. 接著放入水蓮、米酒和泡香菇的水，拌炒約50秒，起鍋前加入鹽巴調味。

1

2

3

Tips　在挑選水蓮時，要選擇根根飽滿沒有壓痕，表面沒有咖啡斑點的，才是新鮮的水蓮。

Cook more

冷便當
OK

日式涼拌水蓮

· 準備材料（1人份）

水蓮160g
柴魚片2.5g
日式醬油20ml
鹽巴適量（滾水川燙用）
水適量（川燙用）

· 料理方式

在滾水中放入鹽巴、水蓮，川燙約2分鐘並煮至熟透撈起。接著將水蓮放入冰水中降溫並瀝乾，再加入日式醬油以及柴魚片，攪拌均勻便可食用。

1人份量 122.5g｜總熱量 43.6cal｜醣份 3.7g｜膳食纖維 1.9g｜蛋白質 4.9g｜脂肪 0.4cal

鹹香不油膩

TOOL

培根炒青花菜

由於培根帶有一定的鹹度以及油脂,可用培根的油脂和香氣來拌炒
青花菜,不僅能吃到培根的鹹香,搭配青花菜的味道很美味且均衡。

1人份量	總熱量	醣份	膳食纖維	蛋白質	脂肪
185.5g	*213.6cal*	*2.9g*	*2.4g*	*8.8g*	*18.0cal*

準備材料（1人份）

青花菜110g
培根50g
黑胡椒粉0.5g
水25ml

料理方式

1. 先將培根切段、青花菜切適當大小備用。

2. 在不沾平底鍋內直接放入培根，不須加油，利用不沾鍋的快速導熱，將培根的油逼出，並炒出香氣來（如果是使用一般炒鍋，則須倒入適量的油）。

3. 接著放入青花菜和水拌炒至熟透，最後起鍋前撒入黑胡椒即完成。

Tips　培根的鹹度與油脂偏高。在挑選時可選擇用海鹽，且不加糖醃製的培根，並可選油脂均勻的五花肉，或者是瘦肉較多豬腿肉的部分，以達到少糖又美味。

Cook more

咖哩烤青花菜

· 準備材料（1人份）

青花菜110g
孜然粉2g
咖哩粉2g
鹽巴0.5g
橄欖油3ml

· 料理方式

將青花菜切成小塊，沖洗乾淨並瀝乾，再充分沾滿了橄欖油後，送至烤箱以溫度200度烤8分鐘，之後再撒上孜然粉、咖哩粉、鹽巴，攪拌均勻後，再送入烤箱以溫度200度烤3分鐘即完成。

1人份量 *119.0g* | 總熱量 *69.2cal* | 醣份 *3.3g* | 膳食纖維 *3.5g* | 蛋白質 *2.6g* | 脂肪 *3.9cal*

醇厚多汁

皮蛋炒地瓜葉

如果覺得單炒地瓜葉很無趣的話，可以嘗試看看這道皮蛋炒地瓜葉，
整道料理多了皮蛋細膩醇厚的味道，更能把地瓜葉的層次變得更豐
富、好吃。

1人份量	總熱量	醣份	膳食纖維	蛋白質	脂肪
247.5g	151.0cal	4.4g	5.5g	12.8g	7.7cal

準備材料（1人份）

地瓜葉160g　　　鹽巴1g

皮蛋60g（1顆）　水20ml

蒜頭5g　　　　　食用油1.5ml

料理方式

1. 蒜頭切片、地瓜葉切段備用。

2. 在不沾平底鍋中放入食用油和蒜片，炒到蒜頭香氣飄出。

3. 接著放入地瓜葉和水，可以蓋上鍋蓋約3分鐘，讓地瓜葉在鍋內熟。

4. 最後，再放入皮蛋用鍋鏟稍微切碎拌炒30秒，撒上鹽巴即完成。

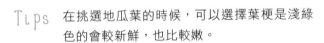

Tips　在挑選地瓜葉的時候，可以選擇葉梗是淺綠色的會較新鮮，也比較嫩。

Cook more

蠔油淋地瓜葉

· 準備材料（1人份）

地瓜葉160g　　蒜末5g

辣椒1g（依喜好添加）

蠔油20ml　　　米酒5ml

食用油1.5ml　　鹽巴適量

水（川燙用）

· 料理方式

在滾水中放入適量鹽巴，加入地瓜葉川燙約30秒後撈起備用。在平底鍋中倒入食用油，並把蒜末、蠔油、米酒、辣椒絲放入鍋內，煸煮至呈現黏稠狀醬汁，即可把醬汁淋在地瓜葉上。

1人份量 *192.5g* ｜ **總熱量** *103.6cal* ｜ **醣份** *9.4g* ｜ **膳食纖維** *5.6g* ｜ **蛋白質** *6.7g* ｜ **脂肪** *2.0cal*

滑嫩口感

綠色蔬菜

秋葵炒蛋

秋葵除了膳食纖維豐富外，更富含鈣質，非常適合於發育中的孩子食用，但由於有些人不喜歡秋葵吃起來時帶有黏黏口感，因此，這道秋葵炒雞蛋，剛好運用雞蛋的滑嫩來綜合，非常好吃。

1人份量	總熱量	醣份	膳食纖維	蛋白質	脂肪
108.3g	100.0cal	2.5g	1.1g	8.4g	6.1cal

202

準備材料（2人份）

秋葵60g
雞蛋120g（2顆）

日式醬油5ml
食用油1.5ml
水30ml

料理方式

1. 先將秋葵切適當大小，日式醬油、雞蛋混合攪拌均勻備用。

2. 在不沾炒鍋內倒入食用油，再放秋葵拌炒，接著加水炒至熟透。

3. 倒入蛋液，持續拌炒至想要的熟度即完成。

Tips　在保存秋葵時，要留秋葵的完整性，建議要把整根秋葵放入保鮮袋內保存，等要料理時，如果是川燙的話，請整根直接川燙；若是做熱炒時，則要等到料理前，再來切除蒂頭，以避免寶貴的黏液流失。

Cook more

胡麻醬佐秋葵

冷便當
OK

· 準備材料（1人份）

秋葵100g
胡麻醬2.5ml
鹽巴適量
水適量（川燙用水）

· 料理方式

煮一鍋水，待水煮沸撒入鹽巴，接著放入秋葵，煮熟後撈起備用。等到秋葵已經完全冷卻，直接淋上胡麻醬。

1人份量 102.5g｜總熱量 47.6cal｜醣份 4.1g｜膳食纖維 3.8g｜蛋白質 2.1g｜脂肪 1.3cal

 黃色 + 紅色蔬菜

烤甜椒

甜椒是滿多人不喜歡的前三名食材,但只要透過氣炸的方式,可以迅速的把甜椒的鮮甜和水分鎖住,吃起來是清爽又清甜,也能讓不討喜的甜椒,變成一道人見人愛的料理。

1人份量	總熱量	醣份	膳食纖維	蛋白質	脂肪
143.3g	58.0cal	4.7g	3.1g	1.2g	2.8cal

準備材料（2人份）

甜椒280g（兩顆）
鹽巴1g
黑胡椒0.5g
橄欖油5ml

料理方式

1. 將甜椒切塊後，連同橄欖油、鹽巴、黑胡椒，一起放入保鮮盒中，蓋上盒蓋上下搖動，讓甜椒充分包裹調味料。

2. 將調味好的甜椒放入氣炸鍋，以溫度**200度烤5～6分鐘**即完成。

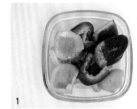

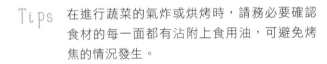

....

Tips　在進行蔬菜的氣炸或烘烤時，請務必要確認食材的每一面都有沾附上食用油，可避免烤焦的情況發生。

Cook more

氣炸乾酪鮮蔬

· 準備材料（2人份）

甜椒140g
櫛瓜90g
法國貝樂布里乾酪40g
冷凍薄鹽毛豆莢10g
鹽巴1g
橄欖油5ml
巴薩米克醋（依喜好添加）

· 料理方式

將甜椒、櫛瓜、乾酪切丁，取一烤皿，把以上食材和去殼的毛豆、橄欖油、鹽巴一起攪拌均勻。接著放入氣炸烤箱，以溫度230度烤3～4分鐘即完成。

1人份量 *143.0g*｜總熱量 *114.3cal*｜醣份 *3.1g*｜膳食纖維 *3.0g*｜蛋白質 *6.1g*｜脂肪 *7.8cal*

黃色蔬菜

烤起司玉米

濃郁的起司再搭配上些許檸檬，讓玉米吃起來是酸味中又
帶有乳酪奶香，真的是超級好吃！

1人份量	總熱量	醣份	膳食纖維	蛋白質	脂肪
111.1g	148.4cal	18.9g	1.8g	4.7g	5.2cal

準備材料（4人份）

玉米400g　　　　　沙拉醬15g

起司粉25g　　　　　紅椒粉0.25g

鹽巴0.5g　　　　　　檸檬3ml

黑胡椒0.5g

料理方式

1. 將洗乾淨的玉米放入電鍋中，外鍋放置半杯量米杯的水，按下開關鍵蒸熟。

2. 接著將沙拉醬、鹽巴、黑胡椒，以及紅椒粉依序放入器皿中，混合攪拌均勻成抹醬。

3. 在煮熟的玉米表面塗上步驟2的抹醬，送入烤箱以溫度**230度烘烤15分鐘**。

4. 最後，在烤好的玉米表面撒上起司粉，並擠上檸檬即完成。

1

2

3

Cook more

玉米馬鈴薯炒紅蘿蔔

· 準備材料（4人份）　　· 料理方式

玉米200g	蒜末10g
紅蘿蔔20g	黑胡椒1g
馬鈴薯80g	橄欖油2.5ml
蔥10g	米酒1ml
鹽巴2.5g	水250ml

在不沾炒鍋中倒入食用油，將蒜末和蔥白、米酒拌炒至有香氣，再加入切塊的馬鈴薯和紅蘿蔔，以及200ml的水，燉煮到馬鈴薯跟紅蘿蔔熟透並水分蒸發，最後再放入玉米粒以及50ml的水，拌炒至玉米粒熟透，關火並加入蔥綠、鹽巴，灑上現磨黑胡椒粒即完成。

1人份量 *144.3g* ｜ **總熱量** *72.9cal* ｜ **醣份** *10.6g* ｜ **膳食纖維** *2.4g* ｜ **蛋白質** *2.0g* ｜ **脂肪** *1.4cal*

義式風味開胃菜

紅色蔬菜

馬茲瑞拉番茄沙拉

這道馬茲瑞拉番茄沙拉是很具代表性的義式風味料理,只要把番茄、
蒜頭、馬茲瑞拉起司、橄欖油,以及羅勒葉混合,就是道清爽中又
開胃的前菜,非常適合搭配肉類料理一起享用。

1人份量	總熱量	醣份	膳食纖維	蛋白質	脂肪
131.5g	223.8cal	5.4g	2.4g	15.0g	15.1cal

準備材料（2人份）

馬茲瑞拉起司150g	鹽巴0.5g
牛番茄100g	橄欖油2.5ml
羅勒葉10g	
大蒜3g	

料理方式

1. 將蒜頭切碎、番茄切塊備用。

2. 取一器皿，依序放入馬茲瑞拉起司、羅勒葉、番茄、蒜末，淋上橄欖油，最後撒入鹽巴攪拌均勻。

....

Tips　如果買不到羅勒葉，也可以用九層塔代替，兩者雖然在氣味及口感上略有不同，但品種相似，羅勒的葉子較圓較肥，味道較清爽；九層塔葉較細長，味道較強烈。

Cook more

冷便當
OK

涼拌番茄佐巴薩米克醋

· 準備材料（1人份）

牛番茄100g
羅勒葉10g
鹽巴0.5g
橄欖油2.5ml
巴薩米克醋2.5ml

· 料理方式

將橄欖油、巴薩米克醋、鹽巴攪拌均勻成醬汁備用。把牛番茄切片後，在每一片牛番茄上舖一片羅勒葉，直接在上面淋上適量的醬汁。

1人份量 *115.5g* | 總熱量 *79.0cal* | 醣份 *5.7g* | 膳食纖維 *4.8g* | 蛋白質 *3.2g* | 脂肪 *3.3cal*

清爽不嗆辣

涼拌洋蔥絲

冷便當
OK

洋蔥的料理方式多元，只要烹煮得宜，就能輕鬆吃出洋蔥的鮮甜。
如果夏日沒有胃口時，不妨來嘗試做看看這道涼拌洋蔥絲，包準食
慾大開！

1人份量	總熱量	醣份	膳食纖維	蛋白質	脂肪
23.8g	79.3cal	15.4g	2.3g	2.0g	0.5cal

準備材料（10人份）

洋蔥200g（1顆）　　　日式醬油15ml

柴魚片2.5g　　　　　萬能醋15ml

白芝麻2.5g

砂糖2.5g

料理方式

1. 將洋蔥去皮逆紋切絲後，直接浸泡在冰水中，並放置冰箱冷藏約30分鐘，以便去除辛辣。

2. 將洋蔥絲撈起、瀝乾水分後，加入日式醬油、柴魚片、萬能醋、砂糖、白芝麻混合均勻，再放進冰箱冷藏醃製至少1天。

1

2

Tips　1. 在製作之前，除了要逆紋切絲，也要讓洋蔥有足夠的時間浸泡在加有冰塊的冰水中，這樣才能有效的降低洋蔥的辣味。

2. 涼拌洋蔥絲可豐富菜色，取適量即可。

Cook more

洋蔥燒雞

· 準備材料（4人份）　　　· 料理方式

洋蔥100g　　雞胸肉200g

柴魚片2.5g　白芝麻1g

日式醬油12ml　味醂6ml

米酒3ml　　食用油2ml

將洋蔥切絲後，在鍋中倒入食用油，並把洋蔥炒至熟透，再放入雞胸肉炒至七分熟，最後倒入日式醬油、味醂、米酒，等煮至雞肉熟透，撒入柴魚片以及芝麻粒即完成。

1人份量 81.6g｜總熱量 156.3cal｜醣份 18.9g｜膳食纖維 2.8g｜蛋白質 14.0g｜脂肪 1.6cal

酸甜好解膩

白色蔬菜

日式醃蘿蔔

日式醃蘿蔔不僅做法很簡單,而且非常適合搭配肉料理一起食用,
不僅可以解膩,更讓人胃口大開!

1人份量	總熱量	醣份	膳食纖維	蛋白質	脂肪
106.3g	39.2cal	6.9g	2.2g	1.0g	0.1cal

準備材料（6人份）

白蘿蔔220g
紅蘿蔔400g
砂糖2.5g
萬能醋15ml

料理方式

1. 將紅、白蘿蔔洗乾淨後削皮、切片或塊狀備用。

2. 接著將食材放入保鮮盒中，倒入萬能醋以及砂糖，醬汁需覆蓋蘿蔔約1/3的高度。

3. 蓋上保鮮盒蓋稍微搖晃至整個蘿蔔都沾附醬汁，放置冰箱冷藏約1天後即可食用。

Tips 在取用這道日式醃蘿蔔時，請務必要使用乾淨、沒有水漬跟油漬的筷子夾取醃蘿蔔，否則容易壞掉。

Cook more

日式味噌烤白蘿蔔

· 準備材料（3人份）

白蘿蔔220g
味噌10g
米酒5ml
日式醬油5ml
味醂5ml

· 料理方式

先將白蘿蔔切成圓形塊狀後，放入電鍋，外鍋倒入1.5量米杯的水，蒸至全熟（筷子可輕易插入）。接著在白蘿蔔的表面塗上已攪拌均勻的醬汁（味噌、米酒、日式醬油、味醂），再送進氣炸烤箱，以230度烤8 ～ 10分鐘，至白蘿蔔表面的味噌稍微變色且呈現乾乾的即完成。

1人份量 *81.7g* ┃ 總熱量 *26.5cal* ┃ 醣份 *3.7g* ┃ 膳食纖維 *0.9g* ┃ 蛋白質 *1.0g* ┃ 脂肪 *0.3cal*

鹹味乳酪香

 白色蔬菜

焗烤明太子馬鈴薯

明太子的鹹味中略帶有淡淡的辣味,非常適合搭配馬鈴薯以及乳酪一起享用。這道焗烤明太子馬鈴薯,不僅可以吃出馬鈴薯的蓬鬆口感,更有明太子的顆粒感,兩種不同的滋味,一起在嘴裡碰撞的感覺,真的是非常好吃!

1人份量	總熱量	醣份	膳食纖維	蛋白質	脂肪
110.5g	194.0cal	13.6g	1.0g	6.0g	12.3cal

準備材料（2人份）

馬鈴薯160g

明太子12g

切達起司25g

沙拉醬24g

料理方式

1. 將明太子的外膜去除後，取一器皿擠出明太子，並和沙拉拌勻備用。

2. 馬鈴薯削皮切塊後放置電鍋內，以外鍋一量米杯的水，按下開關鍵蒸熟。

3. 將已蒸熟的馬鈴薯放置烤皿中，舖上明太子醬和起司片，送至烤箱以溫度**200度烤10分鐘**，表面呈現金黃色澤。

Tips 由於明太子是醃漬過的食材，再加上起司和沙拉醬都有鹹度，在料理的製作上，完全不需要額外加鹽巴就已經很夠味了。

Cook more

土豆炒培根

· 準備材料（4人份）

馬鈴薯200g	培根50g
蒜頭10g	黑胡椒1g
鹽巴1g	米酒1ml
蠔油12.5ml	水25ml

· 料理方式

先將馬鈴薯去皮切絲後，浸泡在有鹽巴的冷水中約30分鐘，去除表面澱粉並且瀝乾。將培根切段後，放入炒鍋乾煎，利用不沾鍋的快速導熱，將培根的油逼出（如果是使用一般炒鍋，則須倒入適量的油）。接著加入馬鈴薯絲、蠔油、米酒、蒜頭，以及水，等到馬鈴薯絲炒至熟透時撒入鹽巴、黑胡椒。

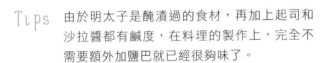

1人份量 75.1g｜總熱量 94.3cal｜醣份 8.9g｜膳食纖維 0.8g｜蛋白質 3.4g｜脂肪 4.6cal

鮮嫩多汁好入味

白色蔬菜

醬炒茭白筍

茭白筍的水分很多、纖維含量也很高,低熱量又能帶來飽足感,所以非常適合做為減重食材使用。由於茭白筍吃起來很清甜,不論是水煮、清蒸、熱炒、焗烤、紅燒都很好吃!

1人份量	總熱量	醣份	膳食纖維	蛋白質	脂肪
207.0g	65.8cal	5.6g	3.8g	2.9g	2.5cal

216

❧ 準備材料（1人份）

茭白筍180g

燒肉醬5ml

食用油2ml

水20ml

❧ 料理方式

1. 先將茭白筍去皮切適當大小備用。

2. 在不沾平底鍋中倒入食用油，先放茭白筍拌炒，接著加水炒至熟透。

3. 最後放入燒肉醬拌炒即完成。

....

Tips 1. 茭白筍有時候切開會發現裡面有黑點，這是一種菌，並非壞掉，只是黑點吃起來會比較老。

2. 茭白筍如果一次吃不完，請不要剝殼，也不要清洗，直接用紙包起後放入塑膠袋，送至冰箱冷藏可保存3 ～ 4天。

Cook more

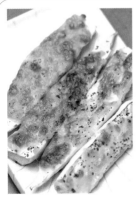

焗烤茭白筍

· 準備材料（1人份）

茭白筍180g

切達起司25g

黑胡椒1g

乾燥蘿勒葉0.5g

· 料理方式

直接將整根洗乾淨的連皮茭白筍放入烤箱，以溫度200度烤10分鐘，接著把烤熟的外殼剝掉，並且剖半，在剖面上放切達起司、黑胡椒以及羅勒葉，再放入烤箱以溫度200度烤5分鐘，烤至表面切達起司呈現金黃色。

1人份量 206.5g | 總熱量 143.6cal | 醣份 5.7g | 膳食纖維 4.1g | 蛋白質 8.8g | 脂肪 8.4cal

濃厚香氣十足

香料烤菇菇

菇類富有多醣體,不僅能增進人體的免疫力,其高濃度的纖維素,更有助於保護腸胃健康,所以廣被運用於焗烤、熱炒、煮湯、氣炸等料理。

1人份量	總熱量	醣份	膳食纖維	蛋白質	脂肪
121.3g	*150.2cal*	*5.1g*	*2.7g*	*3.1g*	*12.7cal*

鴻喜菇100g　　　　鹽巴1.5g

雪白菇100g　　　　無鹽奶油30g

蒜頭10g　　　　　乾燥羅勒葉（適量）

料理方式

1. 先將鴻喜菇和雪白菇洗乾淨，切除根部蒂頭，並且剝散；蒜頭切末備用。

2. 取一烤皿，先放入鴻喜菇、雪白菇，接著撒入鹽巴、蒜末、乾燥羅勒葉，以及無鹽奶油，送進烤箱以溫度200度烘烤10分鐘。

Cook more

氣炸醬燒菇菇

· 準備材料（1人份）

香菇&雪白菇100g
芝麻粒1.5g
燒肉醬5ml
食用油1.5ml

· 料理方式

1. 在香菇和雪白菇的表面沾裹上食用油，接著放入氣炸鍋，以溫度180度烤3分鐘進行第一次氣炸。

2. 步驟1完成後，將燒肉醬塗抹在香菇上，以溫度200度烤2分鐘進行第二次氣炸。最後灑上白芝麻粒即完成。

1人份量 *108.0g* ｜ 總熱量 *67.8cal* ｜ 醣份 *5.8g* ｜ 膳食纖維 *3.3g* ｜ 蛋白質 *3.1g* ｜ 脂肪 *2.7cal*

冰涼又爽脆

 黑色蔬菜

涼拌木耳

黑木耳不僅素有「身體的清道夫」的美稱，並富含高濃度的鐵質和
膳食纖維，適合拿來涼拌、熱炒以及滷味都好好吃！

1人份量	總熱量	醣份	膳食纖維	蛋白質	脂肪
230.0g	111.2cal	6.5g	14.9g	3.6g	1.3cal

準備材料（1 人份）

木耳200g	日式醬油20ml
辣椒1g	米酒2.5ml
薑2g	香油1ml
砂糖1g	烏醋2.5ml

料理方式

1. 將辣椒、薑切絲備用。

2. 將木耳沖洗乾淨後，放入滾水中川燙至熟透，撈起放涼備用。

3. 取一保鮮盒，放入辣椒絲、薑絲、醬油、米酒、砂糖、香油、烏醋與木耳混合均勻，放置冰箱冷藏至少1天入味。

2

3

Tips　挑選木耳時，可以選擇木耳正面是黑褐色，背面是灰白色，聞起來是清香沒有酸臭味，才是新鮮的木耳。

Cook more

木耳炒雞蛋

· 準備材料（2 人份）　　· 料理方式

雞蛋120g（2顆）
木耳200g
蔥20g
鹽巴2g
黑胡椒2g

將雞蛋打成散蛋後，放入鍋中炒熟撈起備用。接著，放入蔥白爆香，加入木耳以及適量的水燜熟。最後放回已炒熟的雞蛋，再撒入鹽巴、黑胡椒、蔥綠即完成上桌。

1人份量 *172.0g* ｜ 總熱量 *125.2cal* ｜ 醣份 *3.3g* ｜ 膳食纖維 *7.9g* ｜ 蛋白質 *8.6g* ｜ 脂肪 *5.6cal*

豆腐、雞蛋料理

鹹香蛋黃香

 豆腐

金沙豆腐

把鹹蛋黃和豆腐這兩種食材擺在一起料理，卻能迸發出不一樣的美味！
透過鹹香的蛋黃搭配上滑嫩充滿香氣的嫩豆腐，真的是好吃的不得了！

1人份量	總熱量	醣份	膳食纖維	蛋白質	脂肪
189.3g	160.5cal	6.9g	1.4g	11.2g	9.1cal

224

🐦 準備材料（2人份）

豆腐300g   蒜頭3g

鹹蛋55g   食用油2.5ml

蔥8g

地瓜粉10g

🐦 料理方式

1. 將豆腐切塊、鹹蛋黃切丁、蒜頭切碎、蔥花備用。

2. 將豆腐表面先沾裹適量的地瓜粉後，靜置5分鐘等待反潮。

3. 接著在平底鍋中倒入些許食用油，放入豆腐並煎至熟透。

4. 再放入蒜末和鹹蛋黃，拌炒至起泡，起鍋前再撒上蔥花。

Tips   由於鹹蛋屬於醃漬品，本身的鹹度很夠，因此不需要額外再加鹽巴。

好市多販售的豆腐是使用非基因改造黃豆所製成，而且強調沒有含防腐劑和雙氧水，適合拿來煎、煮、氣炸都好吃，價格實惠。

滿滿蔥香味

蔥燒豆腐

簡單的利用青蔥和醬油香，更能吃出豆腐本身的豆香味，很家常菜，
卻是道從小吃到大的媽媽味。

1人份量	總熱量	醣份	膳食纖維	蛋白質	脂肪
164.7g	*143.7cal*	*11.5g*	*0.9g*	*11.7g*	*5.2cal*

準備材料（3人份）

板豆腐400g	水50ml
蒜頭5g	烏醋1ml
青蔥15g	香油1ml
砂糖10g	米酒1ml
醬油10g	食用油1ml

料理方式

1. 先將蒜頭切碎、蔥切段備用。

2. 將醬油、砂糖、水、米酒混合攪拌成蔥燒醬汁備用。

3. 在不沾鍋上倒入食用油，放入板豆腐，將表面煎至上色狀態，並呈現金黃色後再放蔥段和蒜末，以及已調配好的蔥燒醬汁，再蓋上鍋蓋稍微悶**3分鐘**，等待板豆腐入味。

4. 最後淋入烏醋和香油即完成。

Tips　板豆腐要切大塊一點，可以避免在用炒菜鏟翻面時容易破裂。

Cook more

日式涼拌柴魚豆腐

· 準備材料（1人份）　· 料理方式

豆腐150g
日式醬油5ml
柴魚片適量

用食用水稍微沖洗豆腐表面，並用餐巾擦乾水分後，淋上日式醬油，撒上柴魚片即完成。

1人份量 156.0g ｜ **總熱量** 140.6cal ｜ **醣份** 8.7g ｜ **膳食纖維** 0.8g ｜ **蛋白質** 13.9g ｜ **脂肪** 5.2cal

酥酥脆脆

 豆腐

氣炸椒鹽豆腐

豆腐是很多人喜歡的一種食材，不僅是低熱量、低GI的優質蛋白質，
更是富含大豆異黃酮以及膳食纖維。這道食譜只要把豆腐切塊、抹油，
再放入氣炸鍋內，就能在家輕鬆做出美味、營養又簡單的豆腐料理。

1人份量	總熱量	醣份	膳食纖維	蛋白質	脂肪
202.3g	190.5cal	11.2g	1.1g	17.0g	8.1cal

準備材料（2人份）

板豆腐400g（一盒）
椒鹽粉2g
食用油2.5ml

料理方式

1. 先用餐巾紙將板豆腐的表面水分擦乾，正反面都噴油後放入氣炸鍋，以溫度**200度烤10分鐘**進行第一次氣炸。

2. 接著將豆腐翻面，以溫度**200度烤4分鐘**進行第二次氣炸。

3. 起鍋後灑上椒鹽粉即完成。

··

Tips 　在製作氣炸豆腐前，一定要先用餐巾紙把豆腐表面擦乾再抹油，可以讓豆腐在氣炸過程中每個面都能受熱均勻，不容易焦黑。

Cook more

蒸魚豆腐

· 準備材料（2人份）

龍虎斑150g
豆腐300g
蔥3g
薑3g
米酒2ml
日式醬油10ml
味醂5ml

· 料理方式

先將豆腐切塊（薄一點），取一碗盤放上去。接著鋪上龍虎斑，並倒入米酒、味醂跟日式醬油。放入電鍋中，並在外鍋放一量米杯的水，按下電源開關鍵蒸10～15分鐘至魚肉熟透。最後，把蔥絲放在已蒸熟的魚肉上裝飾即完成。

1人份量 *236.5g* ｜總熱量 *173.4cal* ｜醣份 *4.5g* ｜膳食纖維 *1.3g* ｜蛋白質 *21.2g* ｜脂肪 *7.1cal*

一次滿足三種口味

 雞蛋

三色蛋

三色蛋不僅顏色豐富,更因有雞蛋、皮蛋和鹹蛋,三種不同風味的混
合,更能誘發食慾,讓人忍不住多吃幾口。如果做的量稍多,也能放進
冰箱冷藏,當作涼拌菜來食用。

1人份量	總熱量	醣份	膳食纖維	蛋白質	脂肪
80.3g	121.6cal	1.4g	0.0g	10.1g	8.5cal

230

雞蛋120g（2顆）　　　米酒0.5ml
皮蛋60g（1顆）　　　　香油0.5ml
鹹蛋60g（1顆）

料理方式

1. 先將雞蛋的蛋黃與蛋白分開，蛋白和米酒、香油混合均勻，皮蛋和鹹蛋剝殼切小塊備用。

2. 將蛋黃攪拌均勻，倒入舖有烘焙紙的玻璃保鮮盒裡，放進電鍋蒸熟。

1

3. 接著在蒸蛋上放入皮蛋和鹹蛋，並倒進蛋白液，再放進電鍋蒸，外鍋需加一量米杯的水，電源開關鍵跳起即完成。

2

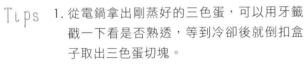

Tips　1. 從電鍋拿出剛蒸好的三色蛋，可以用牙籤戳一下看是否熟透，等到冷卻後就倒扣盒子取出三色蛋切塊。

2. 鹹蛋通常很鹹，所以製作這道料理不需加鹽巴，建議鹹蛋的蛋白部分可依個人口味減少。

3

好市多的雞蛋有兩種尺寸，M以及L，不僅有產銷履歷，而且每一顆蛋黃飽滿、沒有腥味，適合各種蛋料理使用。

滑滑嫩嫩好Q彈

 雞 蛋

日式蒸蛋

日式蒸蛋要能製作出表面光滑，吃起來滑嫩Q彈是需要一點小撇步，
只要能掌握要點，在家也能做出媲美日料餐廳的高質感。

1人份量	總熱量	醣份	膳食纖維	蛋白質	脂肪
267.5g	149.8cal	6.2g	0.0g	12.7g	8.5cal

準備材料（2人份）

雞蛋180g（3顆）　　味醂10ml

日式醬油20ml　　　牛奶30ml

水300ml

料理方式

1. 取一器皿將雞蛋打散，用濾網過篩蛋液。

2. 接著加入日式醬油、水、味醂，以及牛奶，充分攪拌均勻。

3. 將蛋液盛裝放進電鍋，鍋蓋和鍋子間留些縫隙，外鍋加一量米杯的水，待開關鍵跳起即完成。

Cook more

溏心蛋

· 準備材料（1人份）　　· 料理方式

雞蛋60g（1顆）

醬油、水、味醂=2:2:1

取2張廚房紙巾，對摺2次，沾濕放入電鍋中，接著放入從冰箱拿出用水沖洗過的雞蛋，按下開關鍵煮9分鐘即可取出。把煮好的雞蛋放入冰水中浸泡，水溫請保持冰的狀態。把撥殼後的溏心蛋，浸泡在醬油、水、味醂混合醬汁裡至少一天。

※每個電鍋功率略有不同 需視情況調整料理時間。

1人份量 *60.0g* │ **總熱量** *80.7cal* │ **醣份** *1.1g* │ **膳食纖維** *0.0g* │ **蛋白質** *7.5g* │ **脂肪** *5.3cal*

蛋香四溢

 雞 蛋

玉子燒

這道玉子燒是雞蛋料理中的經典，材料很簡單，只需要有雞蛋、砂糖、
牛奶、鹽巴，保證好吃又美味。

1人份量	總熱量	醣份	膳食纖維	蛋白質	脂肪
116.3g	159.2cal	3.2g	0.0g	12.0g	11.3cal

🍃 準備材料（2人份）

雞蛋180g（3顆）　　　牛奶45ml

砂糖1g　　　　　　　　食用油5ml

鹽巴1.5g

🍃 料理方式

1. 取一器皿，放入雞蛋、砂糖、牛奶與鹽巴混合攪打均勻。

2. 在不沾鍋內塗抹食用油，接著倒入些許的蛋液，搖動煎鍋讓蛋液均勻分布，等蛋液半熟時用鍋鏟慢慢的將煎蛋捲起來，並放置一旁。

3. 將剩餘的蛋液分3次倒入，重複動作先煎蛋再接續捲成蛋捲即完成。

Cook more

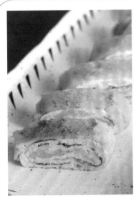

起司蛋捲

· 準備材料（4人份）

雞蛋240g（4顆）

乾酪絲50g

鹽巴2g

牛奶60ml

食用油6ml

· 料理方式

取一器皿，放入雞蛋、牛奶與鹽巴混合攪打均勻。在不沾鍋內放入適量的油，倒入些許蛋液，先稍微煎熟。在蛋皮上撒入乾酪絲，用鍋鏟慢慢的將煎蛋捲起包覆乳酪絲，並放置一旁。接著重複玉子燒步驟3即完成。

1人份量 89.5g｜總熱量 153.4cal｜醣份 2.4g｜膳食纖維 0.0g｜蛋白質 11.0g｜脂肪 11.3cal

Cook more

洋蔥蛋捲

· 準備材料（5人份）

雞蛋120g（2顆）
洋蔥100g
無鹽奶油30g
鹽巴1g
牛奶30ml

· 料理方式

先將洋蔥切丁；雞蛋、牛奶、鹽巴攪拌均勻備用。在不沾鍋上放入奶油加熱融化，並且加入洋蔥丁炒至熟透。倒入2/3蛋液覆蓋洋蔥丁，稍微煎熟後，用鍋鏟慢慢的將煎蛋捲起來，並放置一旁。接著將剩餘的蛋液分3次倒入，重複動作先煎蛋再接續捲成蛋捲，讓蛋有厚度。

1人份量 *56.2g* │ 總熱量 *151.4cal* │ 醣份 *14.9g* │ 膳食纖維 *2.2g* │ 蛋白質 *4.9g* │ 脂肪 *7.7cal*

紅蘿蔔蛋捲

· 準備材料（2人份）

雞蛋120g（2顆）
紅蘿蔔50g（半條）
牛奶30ml
鹽巴1g
食用油3ml

· 料理方式

先將紅蘿蔔去皮切丁，雞蛋、牛奶和鹽巴攪拌均勻備用。在不沾鍋上倒入食用油，放入紅蘿蔔丁炒至熟透。接著重複洋蔥蛋捲最後步驟即完成。

1人份量 *102.0g* │ 總熱量 *113.0cal* │ 醣份 *3.4g* │ 膳食纖維 *0.7g* │ 蛋白質 *8.3g* │ 脂肪 *7.4cal*

Tips 如果想要玉子燒或蛋捲類料理的雞蛋吃起來更加滑順口感的話，可以在蛋液攪拌均勻後，用濾網過篩後再進行。

雞蛋 + 綠色蔬菜

蔥蛋捲

· 準備材料（2人份）

雞蛋120g（2顆）
蔥50g
鹽巴1g
食用油3ml

· 料理方式

將雞蛋、蔥末、鹽巴混合攪拌均勻。在不沾鍋上倒入食用油，放入蛋液煎熟後，用鍋鏟慢慢的將煎蛋捲起來，並放置一旁。將剩餘的蛋液分3次倒入，重複動作先煎蛋再接續捲成蛋捲。

1人份量 87.0g ｜總熱量 100.9cal ｜醣份 1.8g ｜膳食纖維 0.7g ｜蛋白質 7.9g ｜脂肪 6.9cal

雞蛋 + 綠色蔬菜

九層塔蛋捲

· 準備材料（2人份）

雞蛋120g（2顆）
九層塔30g
日式醬油5ml
食用油2.5ml

· 料理方式

先將九層塔切適當大小，接著與雞蛋、日式醬油一起攪拌均勻。接著重複蔥蛋捲最後步驟即完成。

1人份量 78.8g ｜總熱量 98.0cal ｜醣份 1.5g ｜膳食纖維 0.5g ｜蛋白質 8.2g ｜脂肪 6.6cal

雞蛋 + 白色蔬菜

西班牙烘蛋

西班牙烘蛋是很家常又好上手的一道料理，更可依照喜好來添加不同的
食材。除了一般常見的培根和洋蔥外，也可以放青花菜、海鮮，讓整道
烘蛋吃起來的口感更扎實，蛋香更濃郁。

1人份量	總熱量	醣份	膳食纖維	蛋白質	脂肪
142.0g	176.6cal	10.6g	1.2g	8.9g	10.6cal

雞蛋120g（2顆）　　鹽巴2.5g

馬鈴薯150g　　　　黑胡椒1g

培根50g　　　　　食用油2.5ml

洋蔥100g

料理方式

1. 先將培根和洋蔥切成丁狀，在鐵鍋中倒入食用油，
   把洋蔥和培根拌炒至熟透後撈起備用。

2. 在平底鍋倒入食用油後，把切塊馬鈴薯正反面稍微
   乾煎至表面呈現金黃色，之後把洋蔥、培根、攪拌
   均勻的蛋液（加入鹽巴），倒在馬鈴薯上。

3. 把整個鐵鍋直接放入氣炸烤箱內，以溫度200度烤
   15分鐘，烤完撒上黑胡椒粉即完成。

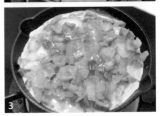

Tips　1. 喜歡厚實烘蛋的人，可以選擇用深一點的鍋子來製作。
　　　2. 如果家裡沒有烤箱，可以當蛋液呈現約八分熟時，把半熟的烘蛋先倒扣在盤
　　　　子內，之後再順著盤緣把烘蛋重新放回平底鍋，這個動作能把不熟的那面烘
　　　　蛋也烘熟。

外酥脆內軟嫩

雞蛋 + 白色蔬菜

馬鈴薯佐起司烤蛋

這道料理的做法很簡單,只要把馬鈴薯削絲後,將雞蛋直接打在馬鈴薯絲上,送入氣炸烤箱,便能同時吃到雞蛋的滑嫩、馬鈴薯的綿密口感,真的是好美味。

1人份量	總熱量	醣份	膳食纖維	蛋白質	脂肪
95.8g	98.3cal	11.4g	1.1g	4.3g	3.4cal

準備材料（4人份）

雞蛋60g（1顆）　　　鹽巴3.5g

馬鈴薯300g　　　　　黑胡椒1.5g

青蔥3g　　　　　　　食用油5ml

起司片10g

料理方式

1. 將馬鈴薯去皮切絲後，直接鋪在鐵鍋中，並在馬鈴薯絲中間的凹槽打入一顆雞蛋

2. 接著在馬鈴薯絲上淋入橄欖油，並且均勻的撒上鹽巴。

3. 把鐵鍋送進氣炸烤箱中，以溫度200度烤20分鐘進行第一次氣炸；之後從氣炸烤箱取出後，撒上蔥花、黑胡椒以及舖上起司片，以溫度230度烤5分鐘進行第二次氣炸。

Tips　1. 因為馬鈴薯是直接用氣炸烤箱烘烤，要把馬鈴薯切成絲，這樣受熱比較快且均勻，容易熟透。

Cook more

氣炸波特貝勒菇蛋

· 準備材料（2人份）

波特貝勒菇150g（2朵）

雞蛋120g（2顆）

鹽巴1g

奶油2g

黑胡椒1g

蒜頭3g

巴西利（裝飾用）

· 料理方式

先將波特貝勒菇沖洗乾淨後，用餐巾紙把表面水分都擦乾，把蒂頭拔掉後，在香菇帽那面放入鹽巴、黑胡椒、奶油，以及蒜末，放進氣炸烤箱中，以200度烤6分鐘，波特貝勒菇取出後打入一顆雞蛋，再以230度烤8～9分鐘至雞蛋凝固，食用前撒上巴西利裝飾。

1人份量 *138.7g* | **總熱量** *115.4cal* | **醣份** *2.7g* | **膳食纖維** *1.2g* | **蛋白質** *9.7g* | **脂肪** *7.0cal*

雞蛋 + 紅色蔬菜

番茄炒蛋

新鮮番茄中富含有茄紅素，需要加熱並用少量的油一起料理，才能釋放出更多的營養價值。這道番茄炒蛋有別於傳統使用番茄醬，而是純粹以新鮮番茄自然的酸甜，真的會讓人忍不住多吃幾口。

1人份量	總熱量	醣份	膳食纖維	蛋白質	脂肪
133.8g	125.7cal	5.1g	1.0g	8.5g	7.9cal

🌿 準備材料（2人份）

雞蛋120g（2顆）　　　鹽巴1.5g

牛番茄120g（2顆）　　蒜頭15g

蔥5g　　　　　　　　　食用油5ml

砂糖1g

🌿 料理方式

1. 先將番茄切塊、蒜頭切碎備用。

2. 在不沾炒鍋倒入食用油，再放入蒜頭，並且炒出香氣來。

3. 接著放入番茄，一邊拌炒一邊把番茄稍微壓一壓，再倒入蛋液並持續炒至九分熟。

4. 最後，撒入鹽、砂糖和蔥花即完成。

Tips　1. 由於番茄中的茄紅素，是屬於脂溶性的營養素，因此料理時需要適量的油脂，並且加熱後才會較容易被人體吸收，形成好的營養來源。

　　　2. 如果不喜歡牛番茄皮的口感，可以用刀子在牛番茄的底部（不是梗那面）輕輕劃上深度約1公分的十字狀，再放入滾水中煮20～30秒，撈起放入冰塊水中降溫，便能輕鬆去除番茄皮，再進行番茄料理。

Cook more

四季豆炒蛋

· 準備材料（2人份）

四季豆100g

雞蛋120g（兩顆）

鹽巴1g

牛奶30ml

食用油3ml

· 料理方式

先將四季豆橫切，雞蛋、牛奶和鹽巴混合攪拌均勻備用。在不沾炒鍋內倒入食用油，再放入四季豆，並炒至熟透。接著倒入蛋液拌炒至想要的熟度即完成。

1人份量 *127.0g* ｜總熱量 *120.4cal* ｜醣份 *4.1g* ｜膳食纖維 *1.3g* ｜蛋白質 *8.9g* ｜脂肪 *7.4cal*

玉米炒蛋

· 準備材料（2人份）

玉米粒80g

雞蛋180g（3顆）

鹽巴0.5g

牛奶50ml

食用油2.5ml

· 料理方式

將罐頭玉米的水分瀝乾，雞蛋、牛奶、鹽巴混合攪拌均勻備用。在不沾炒鍋倒入食用油，放入玉米並炒出香氣，接著加進蛋汁，炒熟即可。

1人份量 *156.5g* ｜總熱量 *183.8cal* ｜醣份 *8.2g* ｜膳食纖維 *1.5g* ｜蛋白質 *13.0g* ｜脂肪 *10.7cal*

從今天開始，
一起來做減醣便當！

2AB863

Costco減醣便當：

網路詢問度超高！人氣組合自由配，最美味瘦身
食譜的分裝、保存、料理，一次搞定全家午餐+
晚餐！

國家圖書館出版品預行編目 (CIP) 資料

Costco 減醣便當：網路詢問度超高！人氣組合自
由配，最美味瘦身食譜的分裝、保存、料理，一次
搞定全家午餐＋晚餐！/ 卡卡 . -- 初版 . -- 臺北市：
創意市集出版：城邦文化發行 , 民 110.4
　面；　公分

ISBN 978-986-5534-45-5(平裝)

1. 食譜　2. 烹飪

427.17　　　　　　　　　　　　　　110002701

作　　　者	卡卡	香港發行所	城邦（香港）出版集團有限公司
專業審訂	陳小薇		香港灣仔駱克道193 號東超商業中心1樓
封面攝影	光衍工作室		電話：(852) 25086231
內文攝影	吳承龍		傳真：(852) 25789337
責任編輯	李素卿		E-mail：hkcite@biznetvigator.com
主　　編	温淑閔	馬新發行所	城邦(馬新) 出版集團
版面構成	江麗姿		Cite (M) SdnBhd 41, JalanRadinAnum,
封面設計	走路花工作室		Bandar Baru Sri Petaling,57000 Kuala
			Lumpur,Malaysia.
行銷專員	辛政遠、楊惠潔		電話：(603) 90578822
總編輯	姚蜀芸		傳真：(603) 90576622
副社長	黃錫鉉		E-mail：cite@cite.com.my
總經理	吳濱伶	印　　刷	凱林彩印股份有限公司
發 行 人	何飛鵬		2023年（民112）9 月16刷
出　　版	創意市集		Printed in Taiwan
發　　行	城邦文化事業股份有限公司	定　　價	420元
	歡迎光臨城邦讀書花園		
	網址：www.cite.com.tw		

客戶服務中心

地址：10483台北市中山區民生東路二段141 號B1

服務電話：（02）2500-7718、（02）2500-7719

24 小時傳真專線：（02）2500-1990 ～ 3

服務時間：週一至週五9：30 ～ 18：00

E-mail：service@readingclub.com.tw

※詢問書籍問題前，請註明您所購買的書名及書號，以及在哪一頁有問題，以便我們能加快處理速度為您服務。

※我們的回答範圍，恕僅限書籍本身問題及內容撰寫不清楚的地方，關於軟體、硬體本身的問題及衍生的操作狀況，
請向原廠商洽詢處理。

※廠商合作、作者投稿、讀者意見回饋，請至：

FB粉絲團・http://www.facebook.com/InnoFair　　　　Email信箱・ifbook@hmg.com.tw

若書籍外觀有破損、缺頁、裝訂錯誤等不完整現象，想要換書、退書，或您有大量購書的需求服務，都請與客服中心
聯繫。

io 多功能氣炸烤箱

io多功能氣炸烤箱一機多用，結合多種餐廚家電，
不管烘、烤、炸、煎都能簡單上手，
提升料理多變性同時減油健康、鎖住食材美味不流失，
誰說下廚烹飪總是烏煙瘴氣、手忙腳亂？
io實現您對於食物，簡單、美味、健康的需求。

AFO-03D (定價$12,900)

- 商品尺寸(材積) 430x370x400(mm)
- 電壓110V
- 頻率60Hz
- 產品重量10.5KG
- 容量25L
- 保固1年
- 消耗功率1500W

符合您對於氣炸烤箱的要求

25L 大容量 超大容量，料理一次完成，完美上桌

方便 清潔 金屬大內膽，空間大好擦拭，污漬不易殘留

均熱 均溫 不須轉叉翻面，全機一鍵完成

低溫 乾燥 3小時快速低溫烘烤肉乾省電又快速，寵物鮮食廚房

清楚 掌握 料理過程透明看的見，大片玻璃設計，輕鬆掌握食材熟度

拉門 可拆 內部玻璃門輕易拆卸，清潔簡單又方便

快速 烘乾 4小時快速完成烘烤果乾

大悲國際有限公司

服務電話 02-86714221
官網 https://www.great-compassion.com
客服信箱：service@great-compassion.com
LINE@生活圈：@great168

關於我們

將一切美好以及對生活的期待與追求，滿足每個使用者對品質的要求，讓生活更舒適，我們除了會開發自有品牌io商品及引進國外優質品牌外（VINTEC、DOMETIC 、MOBICOOL、WAECO、KAMPA等），也會與各國不同的團隊合作開發各類居家生活商品，io創立的初表就是簡單居家·自然美好而深刻。第一眼看到的美好，自然流露的讚嘆，擺脫舊有對於電子產品冷漠的框架，擁抱屬於自己的生活態度，簡約設計、沒有多餘裝飾，產品體驗、一切靈感從簡單的你我出發。